Deepen Your Mind

前言

正在翻閱這本書的您，或許是為了五斗米不得不折腰，又或許是因為最近 Google 的 LaMDA（Language Model for Dialogue Applications）新聞，想要一窺 AI 聊天機器人的堂奧。生物會因為演化而進化，聊天機器人呢？從沒有自覺的「一個口令，一個動作」到結合 AI 後學會自己判斷；演變至今，令人擔憂的預言「AI 具有自我意識（具備思考能力）」，儼然成為未來發展必然的趨勢。不論是基於何種原因，多了解一點 AI 領域的知識，對自己是有幫助的。

「AI Chatbot」，說穿了，其實就是「雲端版本的聊天機器人」。聊天機器人剛問世的時候，工程師們靠著自己的本事紛紛祭出各種功能的聊天機器人 SDK（也包括自架 Server），有能力開發及使用 Chatbot 專案的這群高手們，所具備的專業程式實力可是不容小覷的！（這時的專業門檻高，一般商家大多都是以承攬或委任的方式開發商用聊天機器人。）

筆者本身非 IT 背景出身，會跟聊天機器人沾上邊，純粹是個誤會，回想案發當時，原本該驗收 Line Bot 和 App（其實還有網頁跟資料庫系統…）的同事在上班途中發生嚴重車禍，而接下案子的工程師已經準備好要交案，敝司老闆當下眼角餘光喵到角落有個閒人，就說：「交給你了！」

就這樣，我就誤打誤撞的開始 Coding…

當上帝幫你打開一扇門後，會順便再開啟導航讓你誤入歧途指引方向，隔年就遇到台中的 Chatbot 開發者第一次小聚，之後也接二連三的參加了一些技術社群聚會。參加技術社群的好處，除了可以詢問自己在開發上所遇到的疑難雜症，如果產品有更新時，也能夠獲得第一手的正確資訊。2020 年 Covid-19 疫情爆發，社群聚會也改成線上模式，社群活動的熱度反倒是有

增無減,年底就跟幾位社群朋友一起參加 iT 邦幫忙舉辦的萬人寫作大會鐵人賽,將自己這幾年學習 Chatbot 的心得做成教學影片分享。

感謝深智小編在 2021 年甫完賽之際來函邀約,AI Chatbot 這主題是我相當感興趣的,寫作過程中遇到的阻礙之多當然是不在話下,不過本人秉持著「精誠所至,金石為開」的愚公移山精神,甚至是到了截稿日都還是欲罷不能,遲遲不想交稿 XD

寫作期間,感謝任職於 LINE Taiwan (Developer Relations Team) 的 Evan Lin 大大邀請加入 LINE API Expert,有感於 LAE 是一項重責大任,敝人才疏學淺,至今尚未接下這項殊榮,在此謝謝 Evan 哥的肯定。以及用桌遊吸引我出席 Chatbot 聚會(曾經借我好幾次)的均民(LINE API Expert),每當 Line Bot 寫到卡關時,如果這位仁兄也無解的話,通常就不是我的問題,很好用的指標性人物 XD

還有這兩年給我鐵人賽靈感的 Kevin Chiu 大大,Ktor 就是他建議我用的 Kotlin 框架;提到 Ktor,我還是得說說我是怎麼摸透 Ktor 的,不外乎「它年年改版,我年年重寫」,當然這幾句話「絕對不是故意」寫給聖佑(任職於 Jetbrains,主要工作是推廣 Kotlin 和 Ktor)看的 XD

再來就是我掙扎很久,依舊提不起勇氣請「佳新(奇步應用負責人,中部 Chatbot 聚會召集人)」大大幫這本書背書(寫推薦序)。考量到如果本書無法達到「初試啼聲,就一鳴驚人」的境界,至少也不要讓推薦者跟著我一起被「貽笑萬世」啊…(茶~)

最後,要感謝的親朋好友眾多,族繁不及備載,舒安會把大家放在心中的,感恩~

目錄

01 Beginning

02 Google

03 Amazon

04 Microsoft Azure

05　LINE

06　Meta

07 Instagram & ManyChat

08 專案

01

Beginning

▶ 溫馨小提醒

可以再試著找尋其他幾個商家，開啟即時通訊時，就會發現「您好，今天需要什麼協助嗎？」這句話，好像是中文預設的招呼用語。

___

至於即時通訊要怎麼請聊天機器人代勞，不寫程式的話辦得到嗎？哈哈，答案是「YES」，這組合是有「no code」版本的，這裡先賣個關子，想知道的話，~~請先將本書加入購物車，並前往付款~~，再繼續往下看（或參閱目錄）。

已經流行好幾年的「聊天機器人」，在日常生活中隨處可見，許多的官方帳號，例如：LINE, FB Messenger 都是。實際案例如：前些日子很紅的「美玉姨」、現在廣為使用的「台灣事實查核中心」，以及網頁上很常見到的商業用智能客服。

那什麼是「 AI 」聊天機器人？它跟聊天機器人哪裡不一樣？又要怎麼區分呢？

嗯，這麼說好了，就像是 NOKIA3310 跟 iphone 1，兩者都具有手機的基本通話功能，雖然 3310 堅固耐用（還可以當成武器），但是 iphone 及智慧型手機的出現，將手機科技帶向另外一個世代，還差一點讓曾經風光一時的 Motorola 陣亡。

所以 Chatbot 跟 AI Chatbot 最大的不同就是：「AI 會讓人類失業，Chatbot 不會」（咦？）

何謂「AI Chatbot」？

1. AI 是 Artificial Intelligence 的縮寫，中文稱為「人工智慧」或是「人工智能」。

    坊間的 AI 相關書籍琳瑯滿目，讀者若對某個領域有想深入探索的熱情，建議研讀專業書籍；若僅是想略知一二，善用 Google 及 wiki 這類的資

料庫應該就可以滿足。時間上許可，Youtube 也有最新的 AI 影片。

2. AI Chatbot 跟 Chatbot 的不同？其中的一個差異就是 AI 的「NLP」功能，NLP 是 Natural Language Processing 的縮寫，中文是「自然語言處理」，也就是，機器人可以根據使用者的問題中的關鍵字，進而判斷該給出哪種答案。在 wiki 百科就有這麼一個例子：

> 例子如下：『 某老外苦學漢語10年，到東方參加漢語考試。試題為「請解釋下列句子」： 阿呆給長官送紅包時，兩個人的對話頗有意思。 長官：「你這是什麼意思？」阿呆：「沒什麼意思，意思意思。」 長官：「你這就不夠意思了。」 阿呆：「小意思，小意思。」長官：「你這人真有意思。」 阿呆：「其實也沒有別的意思。」 長官：「那我就不好意思了。」 阿呆：「是我不好意思。」
>
> 老外淚流滿面，交白卷回國了。 』

看完這段文字後應該都會露出「謎之微笑」，試想：如果長官是聊天機器人呢？

 重啟對話 ➡

阿呆加入好友，對話開始

長官 (bot)：Hello.

阿呆：意思意思

長官 (bot)：什麼意思？ (Pardon?)

阿呆：沒什麼意思

長官 (bot)：我不懂您的意思 (Could you say it again?)

阿呆：其實也沒有別的意思

長官 (bot)：不好意思，再見！

舒安表示：最後一個回覆應該是被轉接到真人客服 XD

「暖身結束，準備進入主題！！」

02

Google

2-1 建立 GCP（Google Cloud Platform）帳號

2-1-1 前言

1. 先來澄清一個很容易混淆的觀念：Google 雲端平台 VS. Google 雲端硬碟

   Google 雲端平台的原文是 Google Cloud Platform（簡稱 / 縮寫是 GCP）；Google 雲端硬碟的原文是 Google Drive。（看到 Google Drive 應該會有一種似曾相識的感覺）

   舉個例子：

   手機如果有開啟 Google 相簿備份的雲端功能的話，所使用的 Google 雲端相簿，就是 Google Drive 的功能

   一般來說，GCP 原則上是需要提供信用卡才能使用的，Google Drive 就不需要先取得信用卡授權

2. 將 GCP 排在第一個介紹，除了習慣，還有個很重要的原因，就是 Google 在地化（已經在台灣設立分公司 & 機房），從商業活動的層面來看，使用 Google 確實可以少掉一些不便的行政作業手續（當然，商業行為往往複雜，這部分不在本書討論範圍，讀者可以在試用期間詳加比較各個雲端平台實際產生的收費及問題後，進而選擇適合自己的。）

3. 開始使用 GCP

   甲、建立 GCP 用戶帳號

   如前所述，建立 Google 帳戶時就可以使用 Google 雲端硬碟，但這時候雲端平台的功能是關閉的。因此，可以使用既有帳號開啟 GCP 功能；如果只是想練習或是擔心提供信用卡會衍生問題，建議新建立一個 Google 帳號，練習完就關閉帳號，最簡單省事。

溫馨小提醒

如果已經有作品，建議將作品都先下載到自己的電腦，再關閉帳戶，日後有需要時，就不用重新再做。

問題來了～

既然 GCP 預設是關閉的，那要怎麼找到 GCP 的網站呢？可以從 Google 搜尋 GCP

通常第一個選項就是

Google Cloud – Google Cloud Platform (GCP)

建立帳號

跟著提示,完成建立帳號的流程(由於步驟中需要提供個資及信用卡資料,這裡就省略圖片說明)。完成後就會進到 GCP Console

右上有個綠色的小圈圈，是 GCP 給的通知（點開來看），沒有新訊息時，就會像下圖一樣是個小鈴鐺的 icon

建立 GCP 帳號時，也會同時建立一個名稱為「My First Project」的專案（稍後就用這個專案來練習）。

2-2 關於 CCAI（Contact Center AI）服務

什麼是 CCAI 呢？ CCAI 的全名是「Contact Center AI」，也就是 Google 的 Conversation AI 服務，專為企業客服部門規畫的一套架構。

Conversational AI 類別

Customer Care

透過聊天機器人、語音機器人和電話服務中心，迅速處理客戶的需求。所有服務皆內建於 Contact Center AI 服務，例如 Dialogflow、Agent Assist 和 CCAI Insights。

至於 Dialogflow, Agent Assist 以及 CCAI Insights 又是什麼呢？

Dialogflow 是虛擬助理，也就是 Google 的聊天機器人；Agent Assist 是真人助理，某些企業由於業務考量，必須有真人客服服務，Agent Assist 就可以從旁協助這些客服人員。CCAI Insights 可以分析 Dialogflow 及 Agent Assist 的（對話）紀錄，提供必要資訊給企業從業人員參考。（Insights 功能並非 Google 獨有，其他幾家雲端平台也都會搭配 Insights）

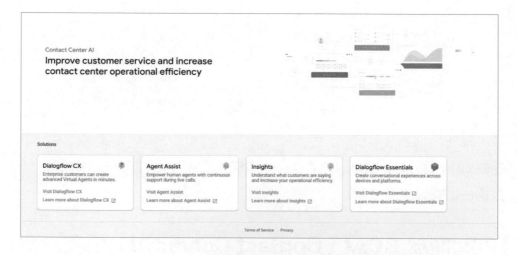

開啟 CCAI Console，會看到如圖片中的畫面，也就是說，Google 將過去單打獨鬥的 Dialogflow，與其他相關產品都內建在 CCAI Console。只需開啟 CCAI Console，就能找到同一個專案的相關服務，即使當下只使用其中的一項服務，將來有需要的時候就可以快速開啟其他 CCAI 內建的功能（對於開發人員是相當友善的設計）。

2-3 真人助理服務 Agent Assist

2-3-1 Agent Assist

Agent Assist

Dialogflow CX and ES provide virtual agent services for chatbots and contact centers. If you have a contact center that employs human agents, you can use Agent Assist to help your human agents. Agent Assist provides real-time suggestions for human agents while they are in conversations with end-user customers.

The Agent Assist API is implemented as an extension of the Dialogflow ES API. When browsing the Dialogflow ES API, you will see these additional types and methods. Even though Agent Assist is an extension of the Dialogflow ES API, you can use a Dialogflow CX agent type as the virtual agent for Agent Assist. If you are only using a Dialogflow virtual agent, you can ignore these extensions.

認真的讀者應該已經先看過官網關於 Agent Assist 的英文版說明…嗯，還是看中文版的好了 XD

「可識別意圖、即時提供逐步協助，藉此在通話和交談過程中持續支援真人服務專員，讓他們得心應手地處理工作。」-- 這是 Agent Assist 想要達成的目標

不管是哪個語言版本的說明，文字敘述都很抽象。筆者舉個日常生活常聽到的案例：

「詐騙集團的成員 A 君假冒某購物台的客服人員致電給小明，由於 A 君與小明素昧平生，A 君覺得只靠訂單上的資料太容易被識破，這時，看過這本書的 A 君知道 Google 有個產品「Agent Assist」可以在他辭窮的時候，協助他出招，好讓對話可以繼續。因此，很擔心沒業績會被賣到 KK 園區的 A 君就偷偷在電腦上建立一個 Agent Assist…」

舒安表示：用詐騙集團當例子，提醒大家除了小心詐騙事件，對於求職陷阱也要多留意！！

好的，如果貴司目前的客服工作也還是以「真人回覆」為主，或是要導入虛擬客服有「現實上的困難」的話，都可以考慮先使用 Agent Assist，這功能的優點是

「讓真人客服的服務更有效率，進而達到提升顧客體驗的好感度。（不過這句話不太適合用在詐騙集團的案例）」對 Agent Assist 有個基本概念後，就可以練習如何使用它。

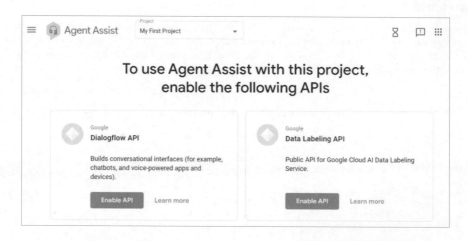

第一次開啟 Agent Assist Console 時，會要求先開啟「Dialogflow API」及「Data Labeling API」，請分別按下「Enable API」。開啟 API 後，就會進到 Agent Assist Console

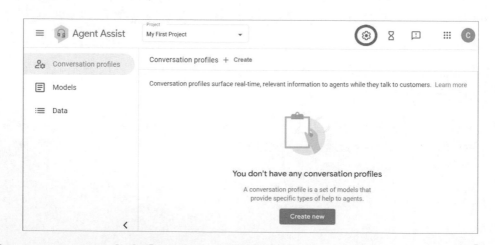

由於是第一次使用，Console 裡面還沒有任何資料，在按下「Create new」
建立檔案之前，先到「設定」（圖片中的紅色圈圈）開啟 CCAI Insights 的
功能（CCAI Insights 預設是關閉的）。

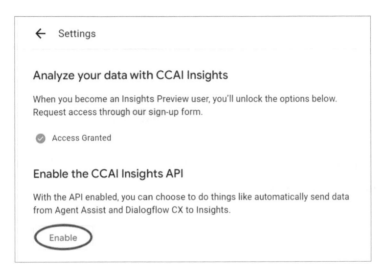

按下 Enable，開啟 CCAI Insights API，Agent Assist 就會自動傳送對話紀錄
到 Insights.

請將右邊的 switch icon 設定成如上圖（開啟 Send data to Insights 功能）

2-3-2 練習使用 Agent Assist

回到 Agent Assist Console

Reply Integration Testing Model」的選項。確定 Retrieval method 的選項（請注意 Inline suggestions 只適用於 Smart Reply）

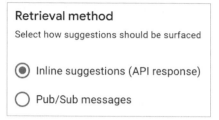

Sentiment analysis 就是「情感分析」（能從文字判斷使用者情緒的功能）。

Choose to use Dialogflow（整合 Dialogflow）

需要使用的話，必須開啟圖片中紅色圓圈的 switch icon。如果已經有建立 Dialogflow ES 專案，Agent 會出現在這裡的欄位清單。尚未建立就會像圖片這樣，下方會出現提示文字（按下「create a Dialogflow ES agent」可以開啟 ES 頁面）。Enable virtual agent 現在先不要呦（請關閉紅色圈圈的 icon），稍後再說明 Agent Assist 如何整合 Dialogflow。

按下 Create

Conversation profiles 就會出現剛才建立的 Agent Assist 名稱，以及一些相關資訊，請注意到這一行的最右邊，有個功能列表（如下圖的紅色圓圈），點一下就會看到「複製檔案 (Duplicate profile)、使用模擬器 (Use simulator)、刪除檔案 (Delete profile)」，選擇 Use simulator（紅色框線）

已經建立的 Agent Assist 會出現在 Start a simulator 下方的清單內，選好後，按下 Start

就會進到 Simulator 模擬對話的頁面（此時並沒有真人 Customer，只能自問自答），請在底下的訊息欄，試著輸入些文字訊息…

對話示範 1.

雖然語言是「英語限定」，但 Smart reply suggestions 有時也會出現在其他語言，例如：對話示範 2.

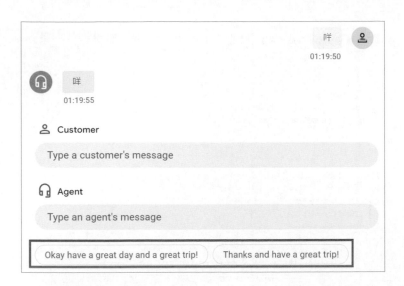

在 Agent 訊息欄的下方就會出現 Smart reply suggestions（系統提供的建議訊息）。就算是英語對話，有些時候也不見得會出現 Smart reply suggestions，例如：對話示範3就出現 No smart reply suggestions（無話可說）

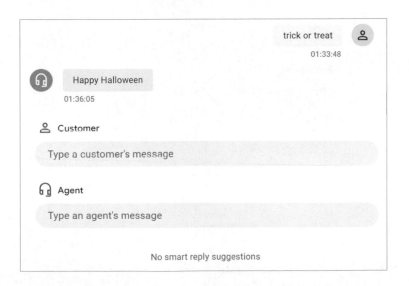

Agent Assist 給的建議答案，客服人員可以自行決定是否要使用 Smart reply suggestions（圖中的 That is correct 就有點答非所問）。

繼續對話…（這次就出現三個 Smart reply suggestions）

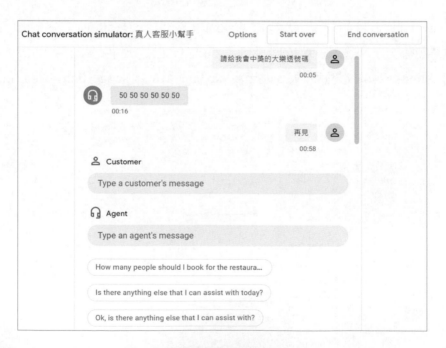

回個 Bye 後，按下「End conversation」結束對話。

「Conversation insights」可以開啟 CCAI Insights 頁面

剛才的對話就會被傳送到 Insights（如上圖）。按下「Start analysis」就會開始分析對話。

2-3-3 整合 Dialogflow ES

一開始有提到 Assist Agent 可以整合 Dialogflow ES agent，現在就來試試，請開啟 Choose to use Dialogflow 的 Enable virtual agent。目前還沒有建立 ES 專案，因此 Agents 不會有選項出現，按下「Create a Dialogflow ES agent」，進到 ES Console

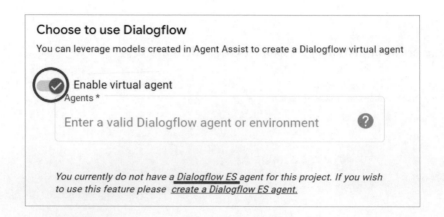

這部分也可以在學完 Dialogflow ES 之後，直接切換到同一專案的 Assist Agent，選項裡面就會有現成 Dialogflow ES 專案的 Agent 可以用。

說明：

1. 紅色圓圈的 AS-NE1 是亞洲的日本，預設的 Global 是在美國

2. 紅色方框的 zh-tw 是繁體中文，預設是 English

3. My-First-Project 是專案名稱，可以自訂，專案建立後可以到設定區修
   改

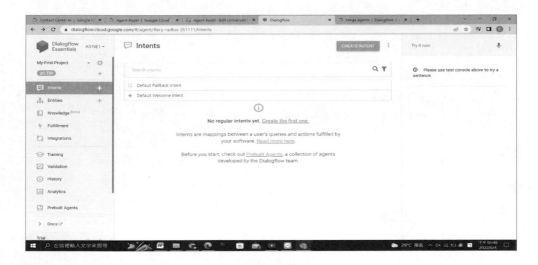

按下 Create，一個新的 Dialogflow ES Agent 就誕生了。直接將空白的
Dialogflow ES Agent 與 Assist Agent 連動，看看會發生什麼反應？

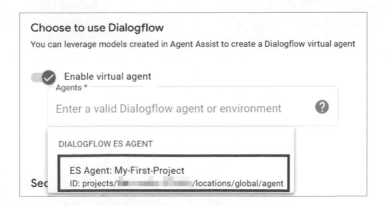

回到 Assist Agent，重新整理頁面，再次開啟 Enable Virtual Agent，這次點
選 Dialogflow ES Agents 欄位時，就會出現剛才建立的「My-First-Project」

按下 Save 後，重新開啟 Simulator，這次的訊息欄位只剩 Customer（原先的 Agent 消失了）

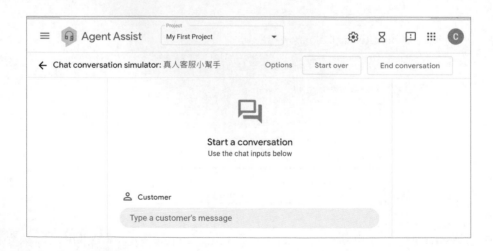

開始練習吧～ Round 1

Round 2

Round 3

按下「Enable API」開啟 Dialogflow API 後，就會自動回到 Dialogflow CX Console

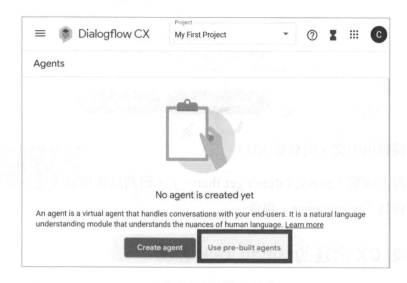

「Create agent」是用來建立全新的（空白）專案，若是官方提供的 pre-built agents 有符合自己的需求，就選擇 Use pre-built agents，建立範本後再加以修改，省時又省事。先來看看有哪些 Prebuilt Agents 可以用（注意：僅提供英文版）。

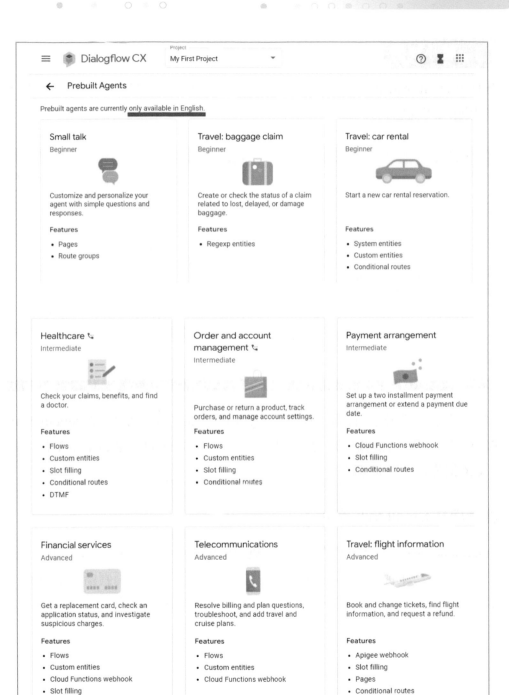

選擇最簡單的「Small talk」。

Small talk 專案建立完成。剛才已經看過「Advanced」程度的「Travel: flight information」專案,現在再看到 Small talk,自信心就會油然而生 XD

建立後先來測試(按下「Test Agent」,開啟「Simulator」)。從 Dialogflow CX 的 Simulator 可以發現,除了可以選擇「Environment」(版本)之外,還可以指定該版本的某個「Flow」做測試。

在「Talk to agent」（紅色框框內）輸入文字，例如：「Hi」

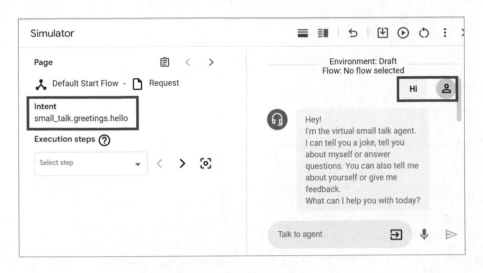

Small Talk 說話了，它表示它是一個虛擬助理，並詢問使用者需要幫忙嗎？從左邊的「Intent」可以知道 Small Talk 回覆的這段訊息是「small_talk.greeting.hello」（紅色框框）的預設文字。

再來看一個：哇洗拍狼

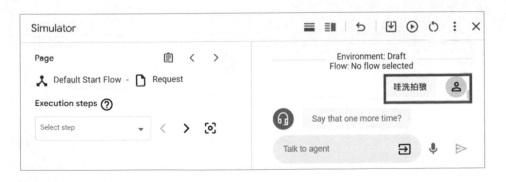

Agent 回覆「Say that one more time?」這次就無從得知這是哪個 Intent 的 Response（左邊的訊息欄沒有相關資訊）。先用猜的，因為 Prebuilt Agents 是「英文限定」，大概又掉進「no-match」Event 了吧！？進到 No-match 求證一下

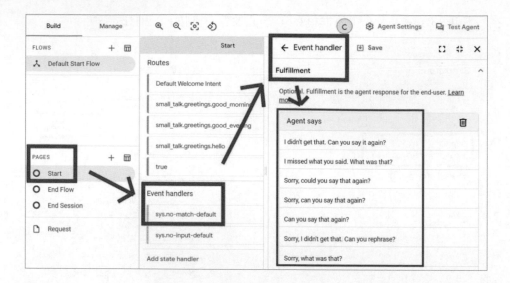

猜對了～耶！！可以看到「Can you say that again?」就是 no-match-default 的預設訊息之一（紫色框框）。

Round 3：Who are you?

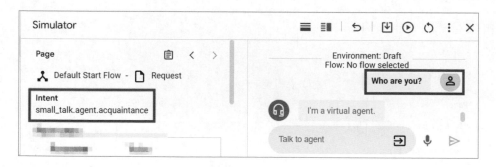

Small Talk 的部分就先到這裡，稍後在講解 Dialogflow CX 功能時，還會再用 Small Talk 當例子說明。

2-4-2-3 從 0 開始建立自己的 CX Agent

退出 Small Talk，回到 Dialogflow CX Console，可以看到「My First Project」專案中多了一個 Small Talk 的 Agent

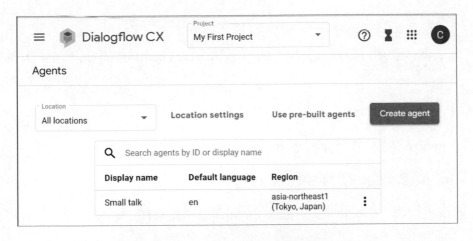

按下最右邊藍色的「Create agent」，這次要建立一個空白的 Agent

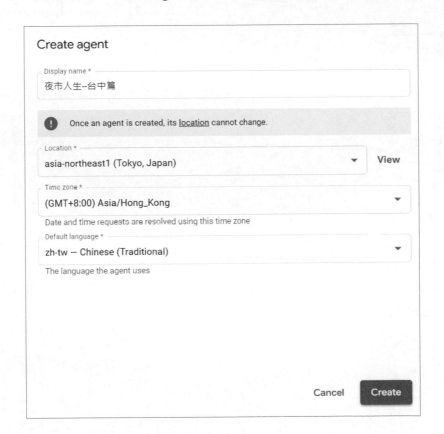

注意事項：

1. 四 個 選 項 都 是 必 填：Display name, Location, Time zone, Default language.

2. Location 在建立 agents 後是無法更改的

3. Time zone 找不到台灣／台北，可以選相同時區的香港

4. 預設語言有提供「繁體中文」(zh-tw)

完成後，按下「Create」，一個比 Small Talk 還陽春的畫面就出現了 XD

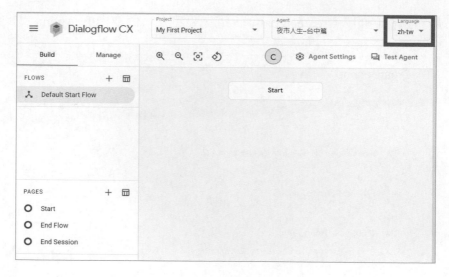

現在呢？要從哪裡開始？難道要把頁面上的每個項目都點開來看嗎？還是到官網把全部的資料都先消化完？如果讀者願意，我是滿贊成把 CX 文件全部看完的 XD

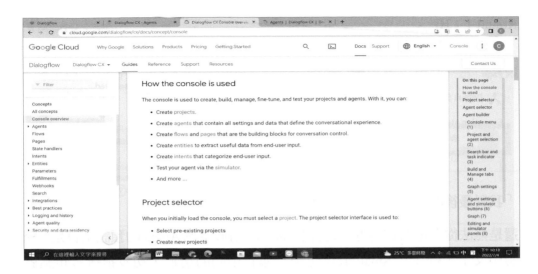

基於時間有限，加上每年的開發者大會都有可能會更新 Dialogflow，我們還是實際一點，就從「Test Agent」開始吧～

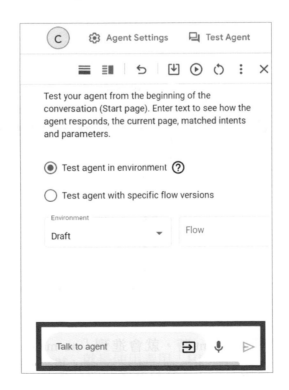

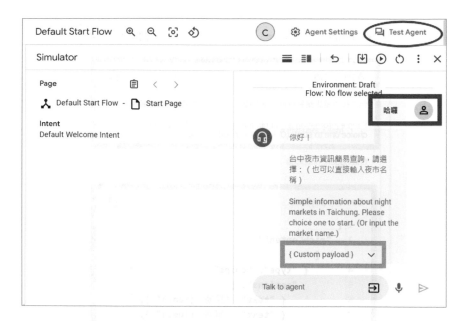

就會看到剛才新增的訊息出現了！不過「綠色框線內」的部分好像怪怪的…

前一秒才說過 Custom payload 會出現問題，真的就遇到了 XD

試看看從其他 Channel 送出的訊息會有這問題嗎？請開啟「Dialogflow Messenger」。 路 徑：Manage/Integration/Text Based/ Dialogflow Messenger，再按下 Connect（圖片的紫色框框）

按下 Connect 後，會跳出這個視窗，需要先確認 Environment 的版本是否正確（目前只有 Draft 可選）。接著按下藍色的「Enable」

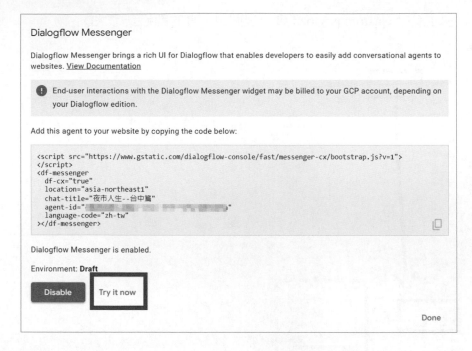

開啟 Dialogflow Messenger 後，CX 會提供程式碼，要從外部網站開啟時，將中間的那段 Code 複製後貼到自己的 html 檔案裡面即可。還有要注意 Dialogflow Messenger 會產生費用，相關的費用會計入 GCP 專案（例如：這個 Agent 的 GCP 專案就是「My First Project」。）

按下「Try it now」，畫面右下的角落會出現一個「icon」，這個就是「Dialogflow Messenger」（日後若是看到這個 icon，就會知道是使用 Dialogflow Messenger）。點選 icon，開啟 Dialogflow Messenge 對話視窗

「Ask something」是送出訊息的地方，這時 icon 就會變成藍色的 X，按下 X 就會關閉對話視窗。

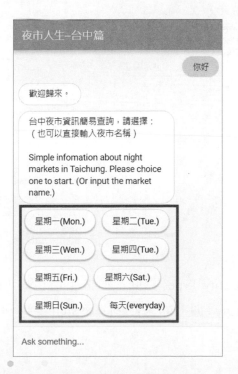

紅色框線內的 Custom payload 正常顯示，也就是說官網提供的 Json 格式是給 Dialogflow Messenger 用的。現在繼續對話，按下「每天 (everyday)」看看會發生什麼事？（沒意外的話，應該是出現「請你再說一遍」、「我對最後的部分還有一些糊塗」這類的「no-match」Event 預設的 Agent says。）

2-4-2-4 Entity

繼續完成對話之前，先來解決「語言不通」的問題。

當使用者輸入文字時，在英文，可能會發生拼錯單字的情形，而在中文，讓人困擾的則是同音異字，或是慣用語。CX 已經發生的狀況則是，在這次的專案語言環境選擇 zh-tw，當使用者輸入「Hi」，CX 就會丟出 no-match 的 response；反之亦同，Small Talk 對於中文訊息也是直接給出 no-match 的 response

解決「語言不通」的辦法有很多種，透過「Entity」改善就是其中的一種。

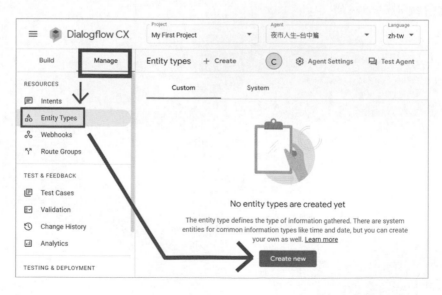

請從 Manage 進到 Entity Types 頁面，並按下藍色的「Create new」。（請注意是在「Custom」頁面，如果點到「System」頁面就會找不到藍色的

「Create new」）

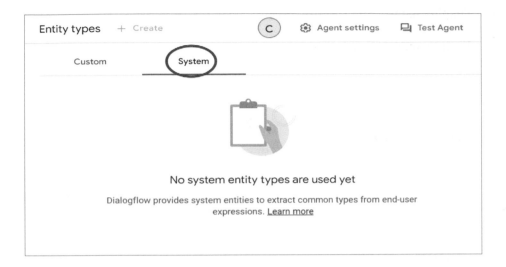

一些常用到的基本資訊，例如：「時間、日期、E-mail 格式」等等這種的，都已經是 CX 內建的 Entity type。有使用到時，才會出現在這裡的 System 頁面，因此現在是空的很正常。

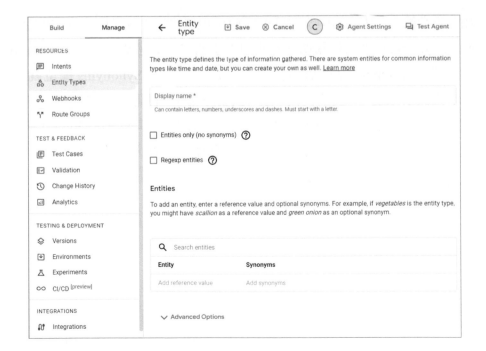

對於基本設定有個概念後，就先來處理語言不通的問題

將英文的招呼語加入 Synonyms，完成後，請按「Add」，記得還要再按「Save」。

Save 後的 Custom 會看到自訂的 Entity「@Welcome」，多了這個步驟，就能讓對話流程進行的順利一點。再建立一個新的 Entity type

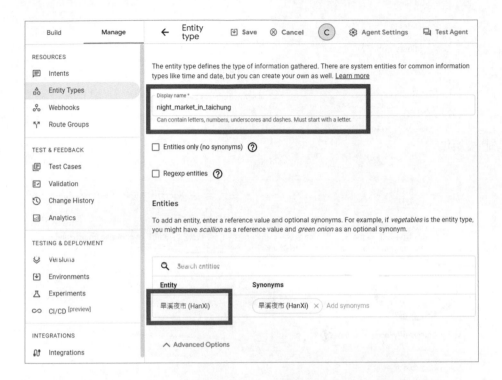

這次要用 Entity 的 Synonyms 功能讓 Agnet 能夠在使用者說出 Entity 的「相似詞」時，知道是在講 Entity。請在「Entity 底下的欄位」請填入正確的關鍵字，在「Synonyms 底下的欄位」加入相似用語。（如下圖）

完成後，請記得要按下旁邊的「Add」和上方的「Save」

繼續新增

這次是「營業時間」，規則跟之前都一樣，輸入多數使用者可能會用的星期一到星期日的說法，別忘了還有「每日營業」這一項喔！（完成後，記得要 Add 和 Save）

補充說明一：System

Small Talk 就有用到 CX 內建的 Entity，進到 System 頁面就會看到底下出現「@sys.」開頭的英文名詞，這些都是。

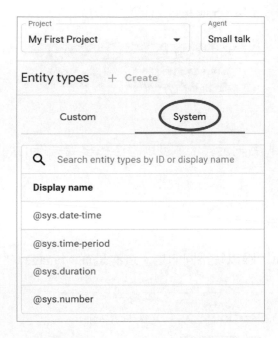

補充說明二：Advanced Settings

Advanced Settings 裡面的選擇，會因為專案選擇的語言及地區而有所不同。
有需要使用到進階設定，建議先閱讀官網的文件後，再做設定。

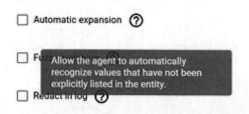

如果只是想知道「名詞定義」，可以將游標移到旁邊的問號，就會出現簡
單的說明。

2-4-2-5 Intent

又再度來到 Intent，跟以往不同的是，這次是從 Manage 的 Intent 開啟頁面

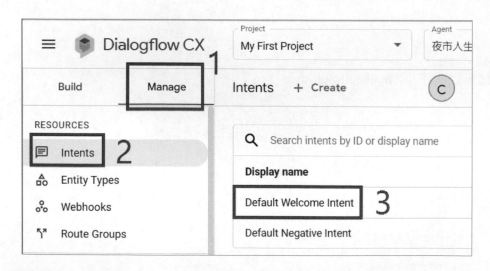

Dialogflow CX 在 2020 年推出，在 Dialogflow CX 出現之後，原本的
Dialogflow 就被命名為 Dialogflow ES。Dialogflow CX 跟 Dialogflow ES
是兩套截然不同的設計（但也有一些功能是相同的），其中一個差異就

是 Intent。Google 官網宣稱 Dialogflow CX 的 Intent 是更 reusable 的（因為 Dialogflow ES 的 Intent 是封閉式 (block) 的設計，開發者多半會使用 Webhook 增加 Intent 的彈性）。

Dialogflow CX 的 Intent 包括「Training phrases」跟「Parameters」

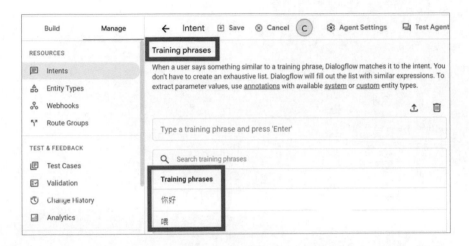

請點「Default Welcome Intent」 進 到 Intent 頁 面， 找 到「Training phrases」，就會看到 Dialogflow CX 預設的中文 Training phrases.

從這裡的說明可以得知 Dialogflow CX 會透過 Training phrases 的辭彙，比對使用者的意思，也就是說，當 Agent 發現使用者的用語與「某個 Intent」的 Training phrases 類似時，就會判定為該 Intent，並進而丟出預設的 response 給使用者。

有一點需要注意的，就是不需要鉅細靡遺地列出所有可能的 Training phrases，留一點空間給 CX 練習判斷，因為這裡有使用 machine learning（這一點在 Dialogflow ES 也同樣適用）。

Training phrases 也可以用來解決語言不通的問題。

Training phrases
你好
喂
嗨
哈啰
嘿
嗨 你好
嗨寶貝
嗨蜜糖
嗨美女
嗨甜心

Items per page: 10 ▾   1 – 10 of 39 |< ‹ › >|

有發現嗎？為什麼先前在 Test Agent 時，Agent 會看不懂「Hi」。因為 Training phrases 裡面「滿滿的中文」，Dialogflow CX 就無法透過 machine learning 自學英文。解決語言不通的方法之二，在 Training phrases 裡面增加英文的項目（也可以參考 Small Talk 的 Training phrases）。

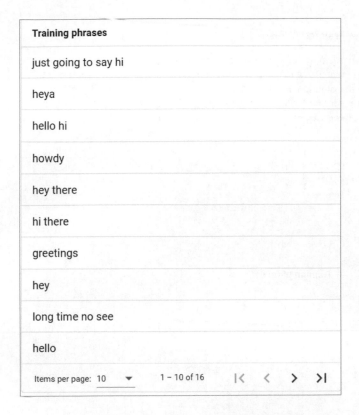

在 Small Talk 的 Default Welcome Intent，就會看到 Training phrases 裡面滿滿的英文 XD

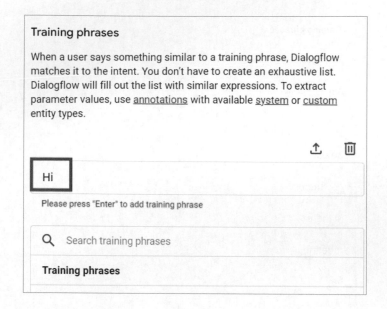

這方法效果如何？真的能解決語言不通的困擾嗎？開啟 Test agent 測試就會
知道。

哈，Agent 現在就看得懂英文了！！

回到 Manages 的 Intents 頁面，會看到還有另外一個 Intent：「Default Negative Intent」

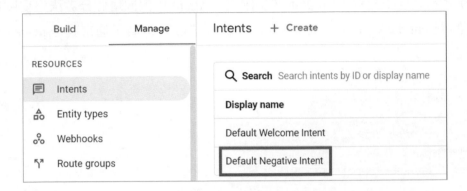

進入 Default Negative Intent 頁面，也會看到 Training phrases

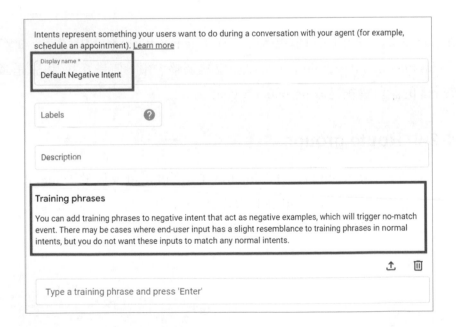

不過 Default Negative Intent 的 Training phrases 是空白的，如果有需要，是要自己增加的。符合這裡的 Training phrases 會觸發「no-match」事件。

補充說明 Training phrases 的 machine learning 部分：

Training phrases 在判斷使用者的訊息是否符合某項 Intent 的標準是「confidence score」（信賴分數）。Confidence score 的範圍在 0.0 到 1.0 之間，0.0 表示完全不確定，1.0 表示非常確定。Agent 會根據這個分數決定要回覆哪個 Intent 的 Agent says 給使用者，如果分數是 0.0 時，通常就是 no-match Event。

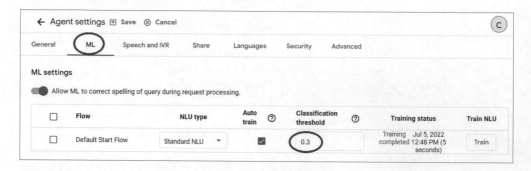

Confidence score 的值是可以更改的，在 Agent settings 的 ML 設定，會有一項「classification threshold」，可以在這裡調整。預設值是 0.3，也就是說，低於 0.3 的話就會被當成 no-match Event

2-4-2-6 Route groups

前面有提到，「Reusable」是 Dialogflow CX 的 Intent 不同於 Dialogflow ES 的一項特色。這裡就用 Small talk 當作例子說明，進入 Small talk 的 Route groups 頁面，點開「Confirmation」看看。

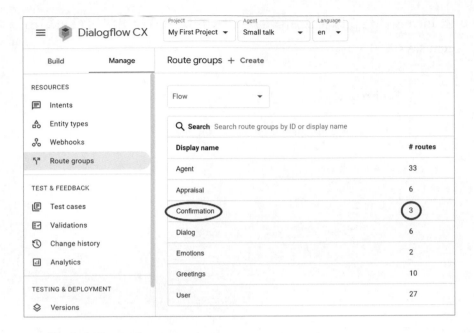

Confirmation 裡面有 3 個 Intents：

1. 「small_talk.confirmation.cancel」、

2. 「small_talk.confirmation.no」、

3. 「small_talk.confirmation.yes」

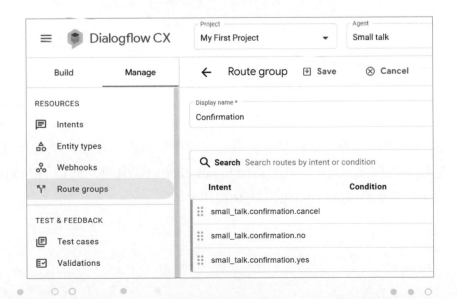

這 3 個 Intents 都是在確認使用者的意願，在使用者作出決定後，給出適當的 Agent says

上表是 Yes 的回覆，下表是 cancel 跟 no 的

如果是在訂購流程的對話過程中，經常需要使用者確認或是做決定，往往都會超過兩次以上，這時候就可以像 Small Talk 這樣處理，將 Confirmation 的 Intent 都增加到 Route groups，方便使用。

2-4-2-7 Webhook

1. webhook intro

Webhook 是什麼？先來看看內地同胞怎麼解釋？（資料來源：Dialogflow 簡體中文版本）

> *网络钩子*是托管业务逻辑的服务。在会话期间，Webhook 允许您使用 Dialogflow 的自然语言处理提取的数据来生成动态响应、验证收集的数据或在后端上触发操作。

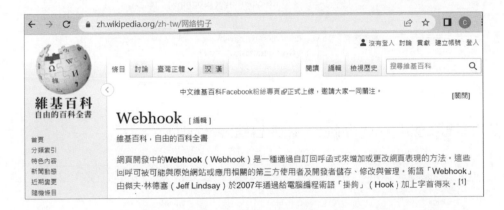

無獨有偶的，wiki 也是使用「网络钩子」這詞彙。

不管是搜尋 webhook 或是网络钩子，都會出現許多專業解釋，有時間可以挑選其中幾篇好好地了解一下原理。依筆者拙見，Webhook 會出現多半是因為目前的設計缺乏這項功能，所以才需要透過一個管道跟其他服務「搭起友誼的橋樑」，舉個顯而易見的例子：「會員系統」。

以客為尊的商業行為，首要的就是建立會員資料庫，而在重視個人資料及隱私權保護的今日，會員的個資通常是無法隨意被公開，在這種情形下，Webhook 就能派上用場。試以 Pre-built Agents 的「Travel: Flight Information」為例：

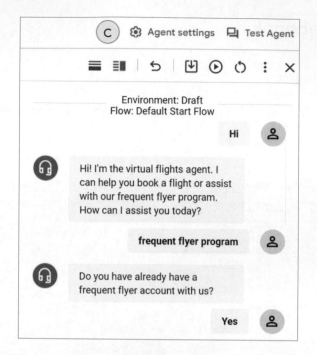

使用者想要使用 FAQ 功能時，必須先確認會員身分

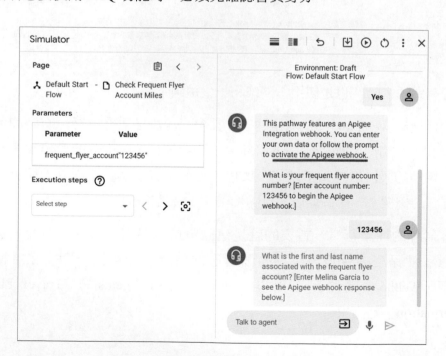

這裡就是透過 Webhook 連接會員系統的資料庫（紅線），確認使用者是否為會員

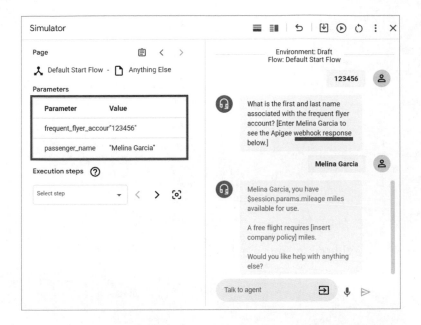

當 Parameters 的 Value 條件滿足時，就會丟出預設的「Webhook response」

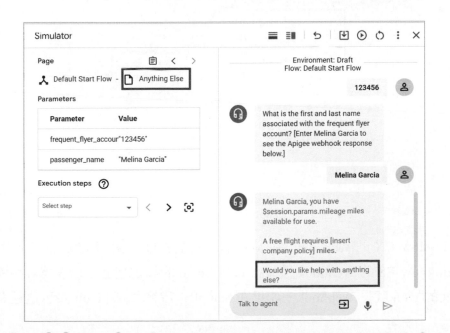

請注意，底下的「Can I help you with anything else?」是「Anything Else」Page 的 Fulfillment 預設的 Agent says

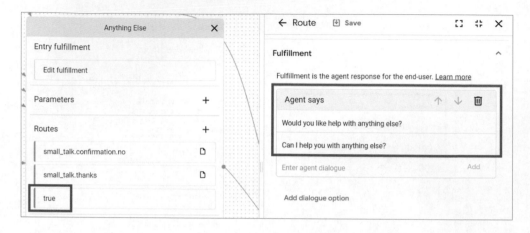

也就是說，「Webhook response」只有這一段（紅色框框內）

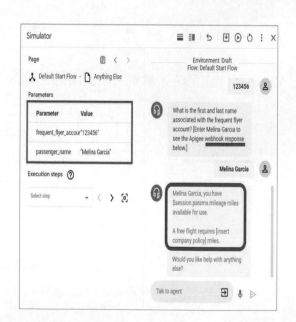

Dialogflow CX 的 Webhooks 在 Manage 是獨立的一個設定頁面（比較：Dialogflow ES 的 Webhook 被放在 Fulfillment 的設定裡面）。左邊紅色圈圈裏面的 icon 就是 Webhook，如果在 Sample 有看到這個 icon 表示這裡有使

用 Webhook。（如下圖）

任選一個 webhook 的 icon，點進去之後，找到在 Fulfillment 的 Webhook

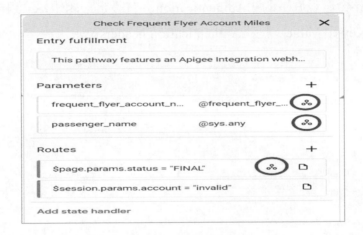

Webhook 竟然不是「https://」開頭的 URL，竟然是「名稱」，還有那個「Tag」
又是怎麼回事？？？

其實就是剛才在 Manage 的 Webhook 看到的設定（紅色框框）

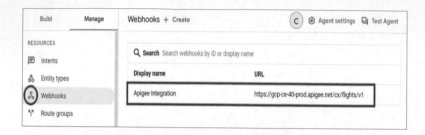

嗯…看來 CX 是用「自訂的 Display name」當成「Webhook URL」。眼尖的讀者應該會發現底下的「Authentication」有設定一組「Key 跟 Value」，這裡的「Key 跟 Value」是「Authentication headers」。

2. CX 的 webhook

建立 Webhook

進入 Webhooks 頁面後，點選「Create new」

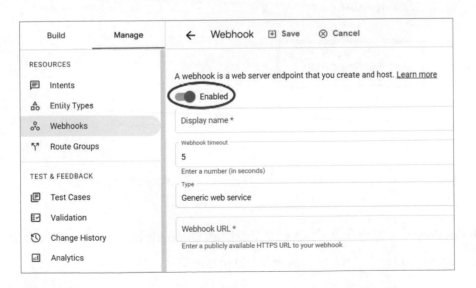

首先就是要開啟「Enabled」（紅色圈圈），並完成必填的欄位。

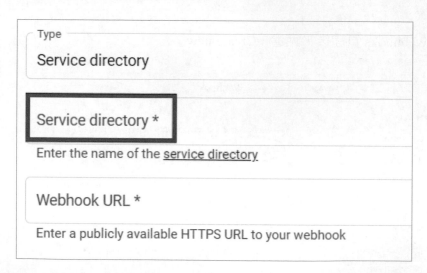

CX 的 Webhook Type 有 分 成「Generic web service」 跟「Service directory」。Generic web service 比較單純，只要提供 Webhook URL 就行。至於 Service directory，就是 Google 的一項產品名稱，必須要提供 Service directory 的專案來源，才能使用。（官方文件在這裡的說明：「Set to Service directory if you are using service directory for private network access, otherwise set to Generic web service.」）

Dialogflow CX 還沒出生之前，曾經使用過 Dialogflow 的讀者，應該會很懷念「inline editor」（inline editor 是由 Google Cloud Functions 支援的）。

Inline Editor (Powered by Google Cloud Functions)

Build and manage fulfillment directly in Dialogflow via Cloud Functions. Docs

Dialogflow CX 出現之後，Google Cloud Functions 也可以當成 Dialogflow CX 的 Webhook URL，不過寫法要注意喔，原本的 inline editor 是用「Intent」區分 Response（可以參考本書 inline editor 的說明），在 Dialogflow CX 會變成用「Tag」區分。

例如：上下兩張圖片的 Tag 設定就不同。

這樣有看懂嗎？再補充一張，應該會比較清楚用法，這裡的「綠色底線的 tag」就是那個「Apigee Integration 的 Tag」。

```
  nodejs-dialogflow-cx/webhooks    ×    +

  ⟳        https://github.com/googleapis/nodejs-dialogflow-cx/blob/HEAD/samples/webhooks.js

17    // [START dialogflow_cx_webhook]
18
19    exports.handleWebhook = (request, response) => {
20      const tag = request.body.fulfillmentInfo.tag;
21      let text = '';
22
23      if (tag === 'Default Welcome Intent') {
24        text = 'Hello from a GCF Webhook';
25      } else if (tag === 'get-name') {
26        text = 'My name is Flowhook';
27      } else {
28        text = `There are no fulfillment responses defined for "${tag}"" tag`;
29      }
30
31      const jsonResponse = {
32        fulfillment_response: {
33          messages: [
34            {
35              text: {
36                //fulfillment text response to be sent to the agent
37                text: [text],
38              },
39            },
40          ],
41        },
42      };
43
44      response.send(jsonResponse);
45    };
46    // [END dialogflow_cx_webhook]
```

2-4-2-8 Flow

簡單的 Agent 只需要一個 Flow 就可以將對話打理得很好，而複雜的對話通常會進行好幾個主題，就會需要兩個以上的 Flow，例如一個訂票系統往往會需要使用者提供相關資訊，以及選擇想要訂購的商品，甚至是付款後如何確認等等。

當使用者不受控時，就會出現雞同鴨講，很容易導致機器人誤判資訊，例如：將商品名稱誤植為使用者的 username，或是將訂購人跟收件人混為一談。此時，就可以妥善運用 Flows，避免失誤的狀況百出。

在 CX，每個 Agent 最少都會有一個 Flow，也就是「Default Start Flow」，這個 Default Start Flow 在建立 Agent 時就會自動建立，而且是無法刪除的。如果您的 CX Agent 的功能不算太複雜，或許一個 Default Start Flow 就能 Hold 得住。

回到這次的練習專案，繼續處理後續的對話流程：建立 Flows 來處理「當使用者按下 CX 回覆的這 8 個 Custom Payload 選項」

（我聽不懂你的問題ＱＱ）

回到 Dialogflow CX Console 開始使用 Flow

（Default Start Flow 的「Start」是開啟對話的第一步。）

在 Flows 旁有個＋，點選後選擇「Create flow」（如下圖）

請在紅色框線的欄位輸入「星期一」到「星期日」，以及「每日營業」。

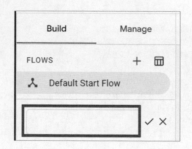

完成後，點選「清單 Logo」（下圖的紅色圈圈）檢查一下，確認所有的選項（綠色框線內）都有輸入

回到 Default Start Flow 的 Start 頁面

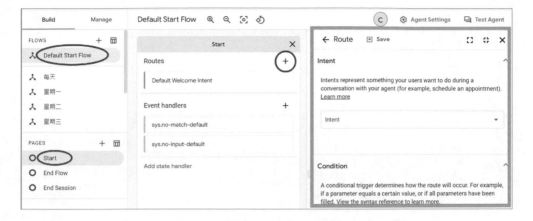

接著增加相對應的 Intent（綠色框線內）

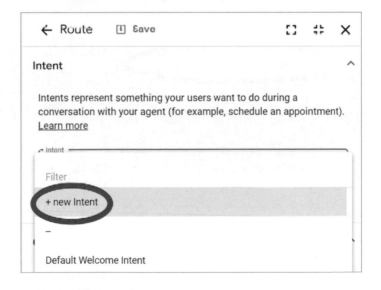

選擇「＋ new Intent」增加 Intent

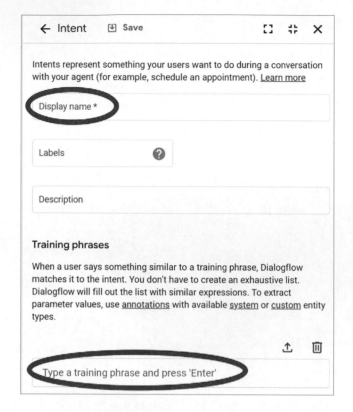

為每一個自訂的 Flow，建立相對應的 Intent，例如：每日營業

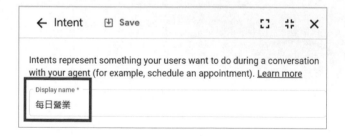

Display name 也可以取英文名稱，例如：Redirect.Monday

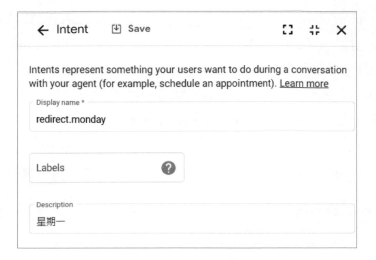

Training Phrases

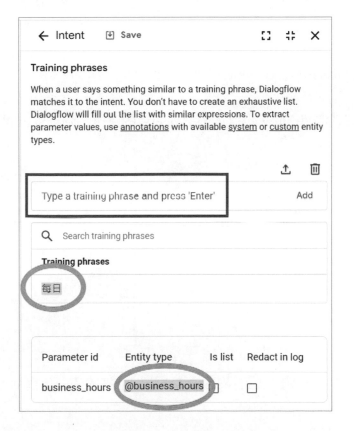

請在「Training Phrases」欄位輸入「每日」，CX 會自動在下方增加的 Parameter 增加一個 Entity type（這個是剛才建立的 Custom Entity type）。將多數使用者可能使用的詞彙輸入，先前有提到 Dialogflow 會透過 ML 學習 Training Phrases，所以不需要鉅細靡遺的將所有的可能用語都列出。完成後，按下 Save, 就會跳轉到 Fulfillment 的頁面

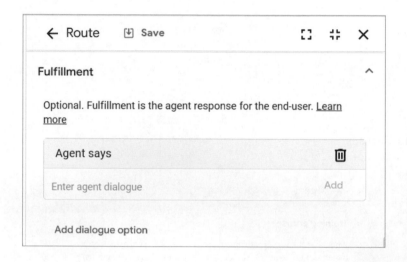

如果沒有轉到這個畫面，可以依照下列圖片的路徑找到（Start 的 Routes）

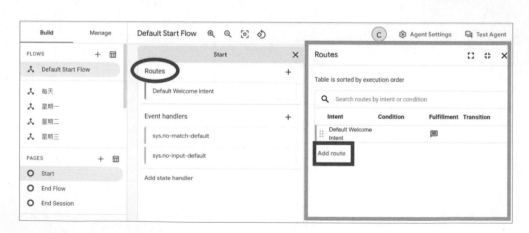

按下 Routes 後，點選「Add route」（綠色框框裡面的紅色框框）

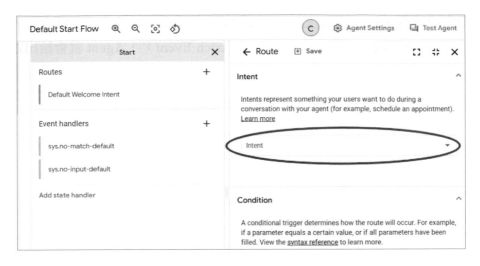

在 Intent 的下拉式清單，可以找到新建立的 Intent

```
←  Route    ⊞ Save

Fulfillment

Optional. Fulfillment is the agent response for the end-user. Learn more

  Agent says

  每天營業的夜市(Open Every Night)：

  Custom payload

  1 {
  2     "richContent": [
  3       [
  4         { "type": "chips",
  5           "options":
  6           [
  7
  8             { "text": "太平台中小鎮夜市(Taiping City)" },
  9             { "text": "中華路夜市(Zhonghua Rd.)" },
 10             { "text": "一中商圈夜市(Yizhong Shopping Dist.)" },
 11             { "text": "逢甲夜市(FengJia)" },
 12             { "text": "東海夜市(Tunghai Shopping Dist.)" },

  Add dialogue option
```

登登～～各位觀眾！！請注意紅色框框，這樣當使用者選擇「營業日」時，Agent就知道要進到各個Flow去找response，而不是在原地轉圈圈(no-match事件)。

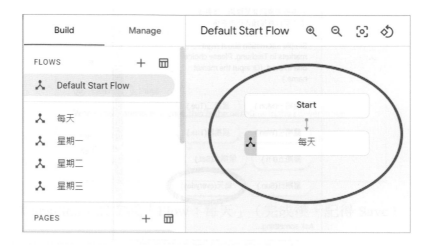

回到 Default Start Flow，會看到頁面上多了紅色圈圈內的連結。（由於只有完成「一個」每天Flow的設定，目前只會看到一個；當每個Flow都完成後，這裡就會看到 Start 底下出現 8 個連結。）

> 舒安表示：
> 營業日也可以簡單一點，用「Pages」設定就好，這樣一來這個 Agent 就只會有一個 Flow（這裡是為了要解說 Flow，才將營業日設定成 Flow）

補充說明「Train a flow」：

Dialogflow 使用「學習演算法 (machine learning algorithms)」比對使用者輸入的文字，進而判斷是哪一個 Intent。我們在 Training Phrases 提供的資訊就有助於 Dialogflow 的學習。來了解一下 Dialogflow CX 的「Auto train」功能，請點選 Test Agent 左邊的「Agent settings」

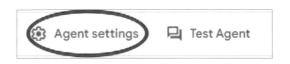

進到「Agent settings」頁面後,選擇「ML」。剛才建立的所有 Flows 都會出現在這裡,當然也包括 Default Start Flow。

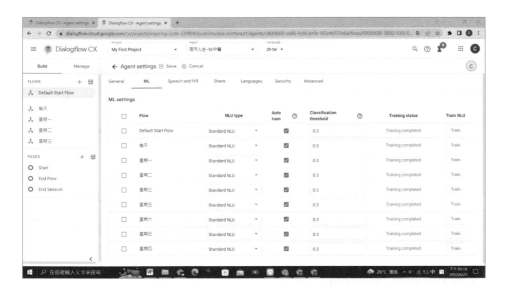

幾個重要的 ML 設定項目:

1.　NLU type

　　預設是「Standard NLU」。如果是大型專案,可以考慮用「Advanced NLU」,訓練結果會比 Standard NLU 好,但是時間會比較久。

2.　Auto train

　　在 Dialogflow CX 建 立 Flows 時,ML settings 就 會 自 動 開 啟 Auto train。Dialogflow CX Console 右上有個訊息通知,當 Flows training 完成時就會有數字顯示。

Validation types	Total
⌃ Flow: Default Start Flow	⚠ 12
⌃ Intent issues	⚠ 12
⌄ Intent: Default Welcome Intent	⚠ 3
⌄ Intent: small_talk.user.misses_agent	⚠ 1
⌄ Intent: small_talk.appraisal.good	⚠ 1
⌄ Intent: small_talk.greetings.hello	⚠ 4
⌄ Intent: small_talk.appraisal.well_done	⚠ 1
⌄ Intent: small_talk.agent.sure	⚠ 1
⌄ Intent: small_talk.user.wants_to_see_agent_again	⚠ 1

選擇「Default Welcome Intent」了解情形

⌃ Intent: Default Welcome Intent	⚠ 3
⚠ Multiple intents share training phrases which are too similar: - Intent 'Default Welcome Intent': training phrase 'lovely day isn't it' - Intent 'small_talk.greetings.hello': training phrase 'lovely day isn't it'	
⚠ Multiple intents share training phrases which are too similar: - Intent 'Default Welcome Intent': training phrase 'howdy' - Intent 'Default Welcome Intent': training phrase 'hey there' - Intent 'Default Welcome Intent': training phrase 'hi there' - Intent 'Default Welcome Intent': training phrase 'greetings' - Intent 'Default Welcome Intent': training phrase 'hello there' - Intent 'Default Welcome Intent': training phrase 'hi there' - Intent 'small_talk.greetings.hello': training phrase 'hi there' - Intent 'small_talk.greetings.hello': training phrase 'howdy' - Intent 'small_talk.greetings.hello': training phrase 'hello there'	
⚠ Multiple intents share training phrases which are too similar: - Intent 'Default Welcome Intent': training phrase 'I greet you' - Intent 'small_talk.greetings.hello': training phrase 'I greet you'	

就是 Default Welcome Intent 的「Training phrase」和其他的一些 Intent 設定的 Training phrase 都太接近（甚至是一模模一樣樣 XD），讓 Small Talk 難以決定要開啟哪個 Flow，看來 CX 也是天秤座的，也有選擇障礙（誤）。

溫馨小提醒

有 Warning 的情形，就稍加留意，這時候的機器人還是可以使用，不用太過緊張；遇到「Error」出現就要小心。

2-4-2-9 Page

在 Dialogflow CX 建立 Agent 時，就會同時建立一個「Default Start Flow」。當使用者開啟對話時，就會啟動 Default Start Flow 的「Start」開始工作 (active)。這個「Start」，本身就是一個「Page」，就是現在要講的「Start Page」。

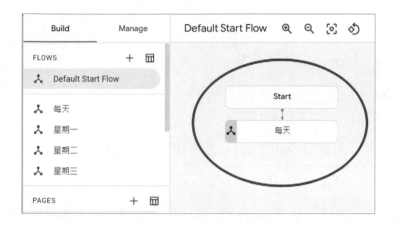

不只是 Default Start Flow 有自己的「Start Page」，每一個 Flow 都有自己的 Start Page。

點選左邊「FLOWS」底下的「每天」，會看到「每天」(Flow) 也有一個「Start Page」。

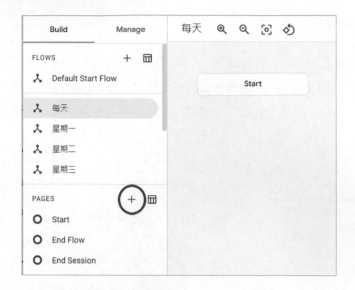

一個 Flow 除了有自己 Start Page 之外,還可以再建立其他的 Pages。

請點選「每天」Flow,並在其下建立「夜市 Pages」:

按下 PAGES 旁的+(新增 Page),會出現空白欄位,填入夜市名稱後儲存
(按 Enter 或是旁邊的 V 儲存)

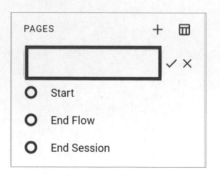

新增加的 Pages 會出現在 End Session 下方

再來就是要建立「每天 Flow」與「夜市 Pages」之間的連結。請按下 Pages
項目的 Start，會看到右邊的功能選單（綠色框線）

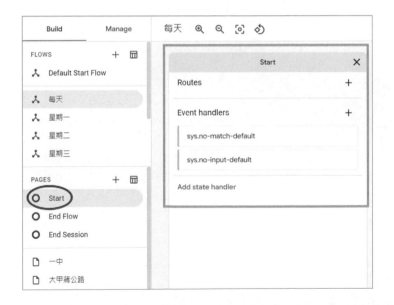

當使用者開啟對話時，Agent 就會丟出「Default Start Flow」的「Fullfillment」
預設訊息；當使用者繼續對話時，Agent 就會根據目前是在哪一個「Flow」
丟出該 Start Page 的「Fullfillment」。現在的進度就是當使用者選擇「每天」
時，Agent 要回覆的訊息。

請展開 Start Page 會看到「Routes」及「Event handlers」，跟 Default Start Flow 的 Start Page 是一樣的設計。按下 Routes 旁邊的＋，會出現 Intent 頁面，選擇「+new Intent」

按下「＋new Intent」建立一個 Intent

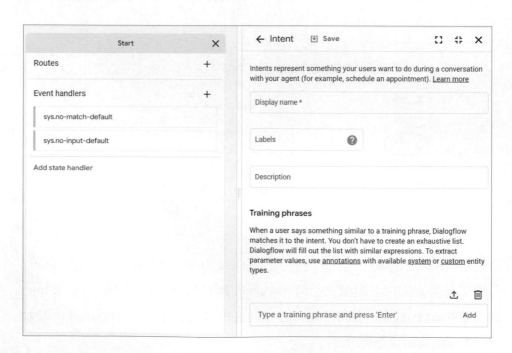

替 Intent 取名子時，盡量能從字面就能看出這個 Intent 的功能，因為大型專案的 Intent 少則 10 幾個，多則達上百個，要更新 Intent 就會比較好找到，維護專案的工作才會輕鬆。像 Small Talk 的 Intents 就多達 90 個，每個都點開來看的話，一天的時間就會不見了。

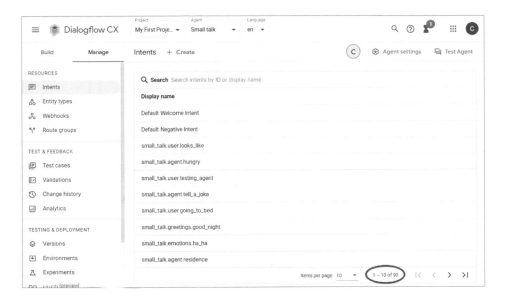

完成必填欄位 Display name 後，記得要 Save

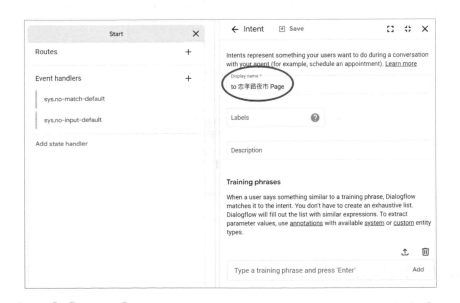

2-95

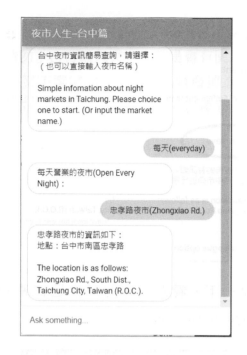

哈，Dialogflow CX 認識「忠孝夜市」了，有前途的小孩 XD

應該有讀者發現到一個問題，筆者在這裡舉「每天」為例，是因為底下每個夜市「不會重複」，不管使用者選擇哪一個夜市，Agent 只要進到該夜市找 response 就能順利進行對話。問題來了，如果營業時間是星期二、四、五、六的「旱溪夜市」呢？使用者只說：「我想去旱溪夜市。」Agent 是要從何判斷是「哪一天」的旱溪夜市呢？（當然這問題應該會在「Train NLU」後被發現，因為會造成 Dialogflow 的選擇障礙。）

話說回來，是「哪一天」有差別嗎？還是有的，如果下一步是要提供使用者「攤位資訊」，而旱溪夜市的攤販不一定每個營業日都會出現，給錯資訊讓使用者白跑一趟，就不好玩了。這問題就留給讀者們思考囉！動動腦想一下遇到這種情形要怎麼解決，辦法當然不會只有一種啦～

2-4-2-10 End

這裡要說明的是兩個預設 Pages 的項目：End Flow 和 End Session。

1. End Flow

    CX 預設的 Pages 還有一個「End Flow」，官網文件的定義如下：
    「End the currently active flow and transition back to the page that caused
    a transition to the current flow.」。將 End Flow 想像成按到「上一頁
    (Previous)」的按鈕，就會比較好理解官方的定義。

2. End Session

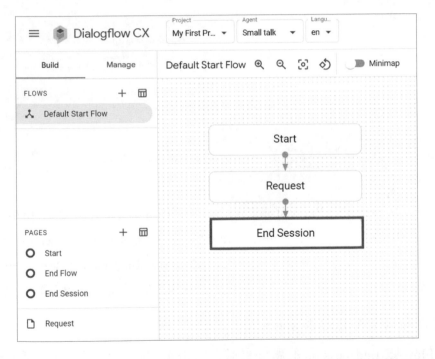

    這是 Small Talk 的「Default Start Flow」畫面，右邊的圖表很清楚的
    表達 CX 的對話：「始於 Start，終於 End Session」。官網文件對 End
    Session 是這麼定義的：「Clear current session. The next user input will
    restart the session at the Start page of the Default Start Flow.」也就是說，

在 End Session 之後的對話，都將視為新回合的對話，會從 Default Start Flow 的 Start Page 開始。

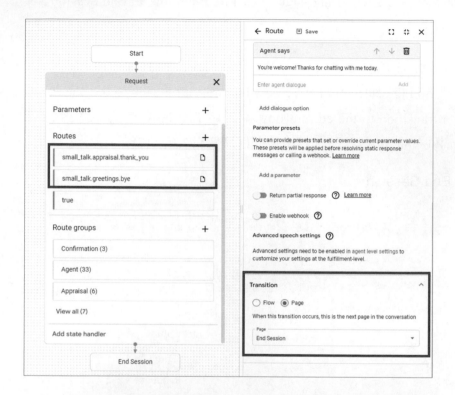

開啟 Small Talk 的「Request」Page，會在 Routes 底下看到「small_talk. appraisal.thank」跟「small_talk.greeting.bye」，分別點開查看 Transition 的設定，會發現這兩個 Intents 都是轉到「End Session」Page，簡單的說，當使用者跟 Small Talk 說出「謝謝、再見」…等等的語句，就會讓對話結束。

3. End Flow V.S. End Session

End Flow 跟 End Session 的區分實益在於是否可以繼續原先的對話。一個 Dialogflow CX Agent 可以有二個以上的 Flow，當 End Flow 發生時，其實是可以設定為另一個 Flow 開始啟動，當然也可以就此打住，結束對話，這種情形，就會進入 End Session，結束這次的對話。

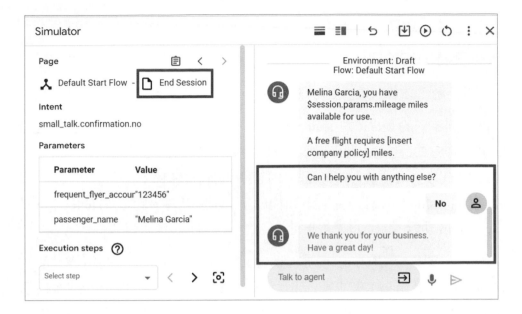

例如：

在 Webhook 時曾說到「Travel: Flight Information」的會員系統，最後 CX 會丟出「Can I help you with anything else?」，當使用者回答 No，就會進入「small_talk.confirmation.no」這個 Intent。進入「small_talk.confirmation.no」的設定頁面，檢查一下「Transition」

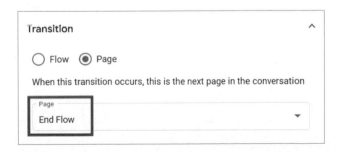

咦？怎麼是「End Flow」？ Simulator 顯示的是「End Session」啊！？答案很簡單，因為 Travel: Flight Information 這個 Agent 只有一個「Default Start Flow」，在 End Flow 時，原則上就會進入 End Session。

2-4-2-11 Test _ Testing

為什麼要 TEST ？

「智者千慮，必有一失」這句經典的諺語，就足以展現測試的重要性。

前面講到不同的 Intent 的 Training Phrases 太過相似時，就會造成 CX 選擇障礙，但是 CX 還是會做出選擇，並回覆使用者訊息，繼續對話。如果是一般的 FAQ 發生這種情形時，還不會有太大的利害關係；如果是在商業行為中（例如：預約系統），有時候可能就不是那麼妥當。此時，Dialogflow 的 Auto Train 功能，就可以幫得上忙。

小型專案或許依靠人工手動測試就可以找出全部的問題所在，但像 Dialogflow CX 這種大型專案，光是 Intents 隨隨便便就可以達到上百個，要讓開發者自行揣測所有可能的情境，應該會引發一波離職潮吧（離職原因：我不會通靈 T_T）

Dialogflow CX 聽到大家的心聲了，現在就來看看 Dialogflow CX 貼心的設計。請進入 Manage 的「TEST & FEEDBACK」，並點選「Test cases」（以 Small Talk 為例）：

點選 Test cases 右邊的「Run all」，下方會出現所有的 Environment，選擇要 Test 的版本（目前只有 Draft 可選）。

請稍等一下下，讓它跑完。執行完畢，就會顯示結果，Passed 表示測試通過；Failed 表示對話可能會有問題，至於會有什麼問題呢？就選一個測試結果是「失敗」的了解狀況

選擇第三個「Happy path – asks agent what's up, hold on and back again, says agent is beautiful」，看看測試結果為什麼會是「Failed」

每一個Flow都可以建立自己的 version，這裡就用 Default Start Flow 來練習。

進到 Versions 會在右邊的 Flow 底下看到對應的版本數量。可以看到「Default Start Flow」目前的 versions 數是 0，表示還在 draft 版本。點選 Default Start Flow 進入個別的 version 頁面，按下「+ Create」新增。

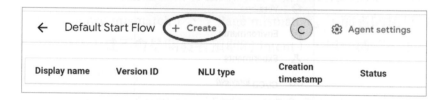

Display name 是版本名稱，建議取個瞄一眼就能「秒懂」的名稱，例如：LINE 專用、FB 限定。完成後，記得 Save

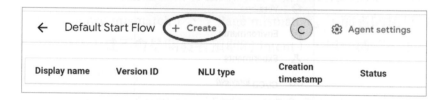

現在 Default Start Flow 的 versions 數量就會由 0 變成 1

（繼續完成「TESTING & DEPLOYMENT」底下的設定。）

2. Environments

請在 Environments 新增（Create）一個 Environment

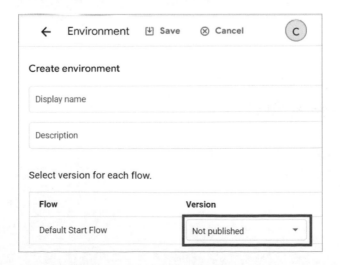

Select version for each flow 的 Version 預設是 Not published，也就是 draft，
之前有說過 draft 是可以對外使用，當然會出現在 Deployment 的選項中。
不過既然已經新增一個 V1 了，這裡就選 V1 吧。

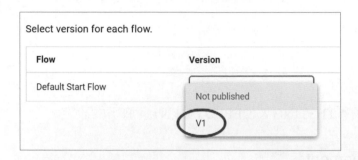

檢查一下，確認無誤就可以 Save

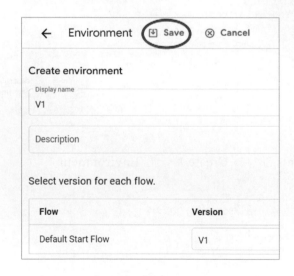

回到 Environments，剛才的 V1 就出現了。

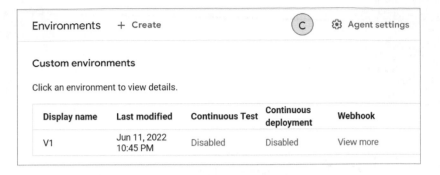

這時的 CI/CD 預設是 Disabled，如要開啟 CI/CD 功能，請點選 Disabled 進到 Settings

先確定 Continuous testing 的 Environment 是否正確

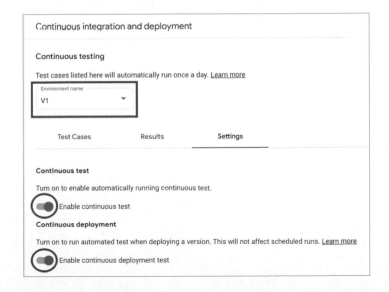

開啟後，就會顯示「Enabled」（如下圖）。

Display name	Last modified	Continuous Test	Continuous deployment	Webhook
V1	Jun 11, 2022 10:47 PM	Enabled	Enabled	View more

2-4-2-13 deploy

1. Integration_intro

Manage/Integration

Integration，中文稱為「整合」，意思是可以跟其他平台的搭配使用。目前的 Dialogflow CX Integration 區 分 成「CX Phone Gateway」、「One-click Telephony」、「Text Based」三個類型。

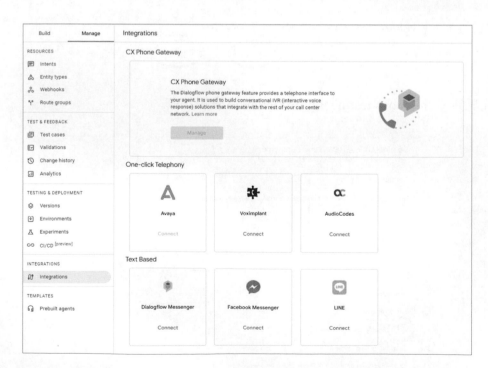

1. 先來看第一種「CX Phone Gateway」

CX Phone Gateway

The Dialogflow phone gateway feature provides a telephone interface to
your agent. It is used to build conversational IVR (interactive voice
response) solutions that integrate with the rest of your call center
network. Learn more

Manage

看起來好像很讚，但是底下的「Manage」不給用 XD

Limitations

The following limitations apply:

- This integration currently works only with agents created in the `global` region.

- Only US phone numbers are supported.

- There are quotas and limits for this feature. If you receive a busy signal or the call drops,
  you may have exceeded your quota.

官方文件有提到一些使用上的限制，除了區域必須要選擇「global」之外，
這項功能目前只支援美國地區的電話號碼。好吧～「當上帝關上一扇門，
就會開啟另一扇窗」。CX Phone Gateway 不能用就換第二種「One-click
Telephony」看看。

2. One-click Telephony

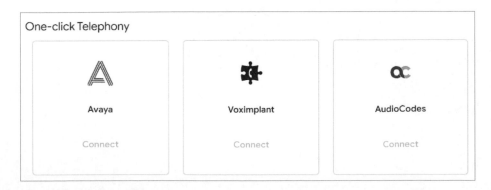

無獨有偶，每個選項的「Connect」也集體罷工 XD

（理由跟 CX Phone Gateway 差不多，就是目前都不支援台灣地區）

3. 就只剩「Text Based」…

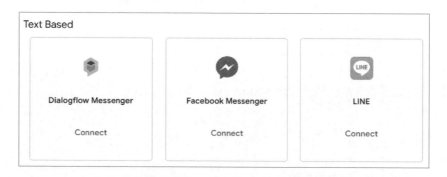

（看到底下的 Connect 是藍色的，突然有種莫名的感動…）

Text Based 提供「Dialogflow Messenger, Facebook Messenger, LINE」三種。
Dialogflow Messenger 在練習 CX 的過程中，已經有示範過，接下來就只講
解 FB Messenger 和 LINE 的整合部分囉～

2. CX 整合 Facebook 粉絲專頁訊息機器人

Integration/Facebook Messenger（以下簡稱 Facebook 為 FB）

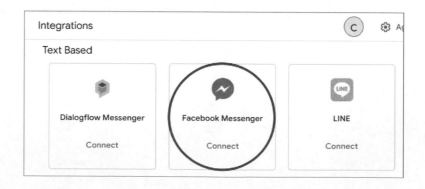

按下 Facebook Messenger 的 Connect

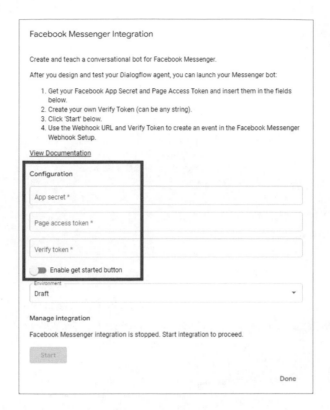

Facebook Messenger Integration 會有簡單的整合步驟說明，就是要先取得 FB 的一些資料：「App Secret」&「Page Access Token」，填進紅色框框的空格後，才能繼續，先到 FB developer console 申請這些資料。

➡ Step1. 建立 FB 粉絲專頁（Create a Facebook Pages）

Facebook Messenger Integration 的設定頁面有一個「View Documentation」的連結：（https://www.facebook.com/pages/create），這是建立 FB 粉專的網站。

「粉絲專頁名稱」和「類別」是必填。（粉專的 UI 設計部份，例如：綠色框線的圖片等等並非本書的重點，這部分就請各位讀者參考坊間，或網路搜尋相關教學資料。）填寫完，請按底下藍色的「建立粉絲專頁」。

➡ Step2. 建立應用程式（Create a Facebook app）取得 Page Access Token

登入 FB 的開發者後台（https://developers.facebook.com/docs/development）

選擇「我的應用程式」就可以進入 Developers Console。

按照步驟建立應用程式，按下綠色的「建立應用程式」

完成必填的資料欄位

填完資料後，請選擇 Messenger 底下的「設定」

存取權杖 (Page Access Token)

「新增或移除粉絲專頁」（底下的藍色按鍵）

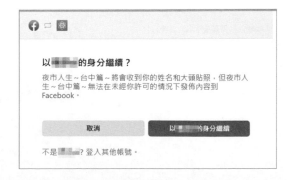

檢查帳號，有誤請更換帳號或取消，沒問題請繼續。

選擇後，按「下一步」

完成

你現在已將夜市人生~台中篇~連結到 Facebook

你可以在企業整合工具設定更新夜市人生~台中篇~可採取的
動作 若想完成設定，夜市人生~台中篇~可能需要額外步
驟。

確定

按下確定，就會產生權杖

存取權杖　　　　　　　　　　　　　　　　　　　　　　　　建立新的粉絲專頁

產生粉絲專頁存取權杖，以開始使用開放平台 API。如果
1. 你是其中一位粉絲專頁管理員，且
2. 此應用程式已獲得粉絲專頁授予的在 Messenger 管理並存取粉絲專頁對話權限，
，你將能為粉絲專頁產生存取權杖。注意：若你的應用程式正處於開發模式，則你建立的權杖只能存取應用程式或粉絲專頁的管理人員。

粉絲專頁 ↑	權杖	
夜市人生「台中篇」	—	產生權杖

新增或移除粉絲專頁 ❶

產生權杖

已產生權杖　　　　　　　　　　　　　　　　　　　　　　　×

夜市人生「台中篇」

請僅與你信任的應用程式開發人員共用權杖，以保護帳號安全。

此權杖僅會顯示一次，因此請妥善保存。如果還遺失權杖，將必須重新建立權杖。任何人都可能使用此權杖假冒此粉絲
專頁，存取範圍則取決於應用程式的隱私設定。如果你想要撤銷過去為此應用程式產生的所有權杖，可以前往企業整
合工具設定。Learn More

☐ 我瞭解

EAAGX●●...　　📋 複製

完成

勾選「我瞭解」後，才能複製權杖。

→ Step3. 取得 App Secret（請參考圖片）

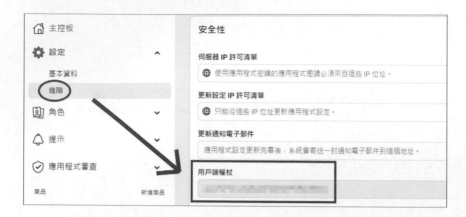

→ Step4. 自訂 Verify token

回到 Facebook Messenger Integration 處理剩下的項目

1. 自訂「Verify token」

2. 自行決定是否要開啟「Enable get started button」功能

按下藍色的「Start」就會產生「Webhook URL」

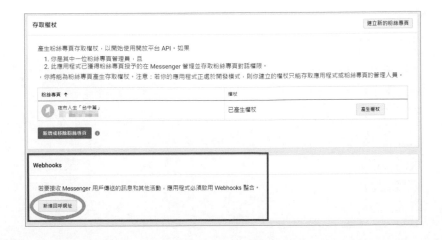

複製 Dialogflow 給的 Webhook URL，到 FB 開發者後台「新增回呼網址」

將複製的 Webhook URL 貼到「回呼網址」欄位

驗證權杖就是剛才自訂的「Verify Token」

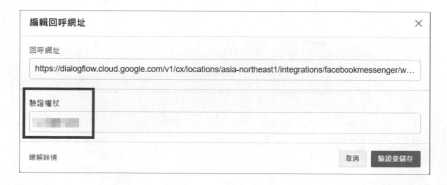

驗證並儲存

正式上線之前，要先送審，待 FB 審查通過後，Messenger 才能對外使用喔！

補充說明：

如果沒有 FB 開發人員帳號，在 FB 的應用程式網站也有提供註冊的教學

2-4-2-13-3. LINE

一 . CX 整合 LINE 訊息機器人

Integration/Line

Text Based 的第 3 種服務：LINE

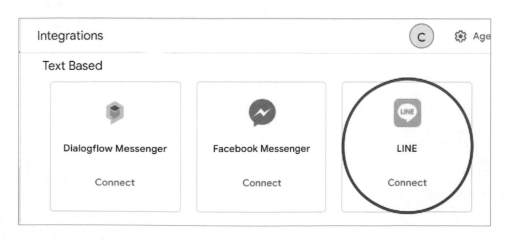

按下「Connect」

LINE Integration

Build an intelligent conversational LINE bot.

When your Dialogflow agent is ready, follow these instructions to connect it to a LINE Channel:

1. Follow LINE's guide Getting started with the Messaging API to create a provider and a **Messaging API** channel (if not created before).
2. Copy and paste the following information from the created channel in LINE Developers Console:
   - **Channel access token (long-lived)**
   - **Channel ID**
   - **Channel secret**
3. Click the **Start** button below.
4. Use the **Webhook URL** to finish the setup in LINE's guide Set a Webhook URL.

View Documentation

Configuration

Channel ID *

Channel Secret *

Done

Channel Access Token *

Environment
Draft ▼

Manage integration

Line integration is stopped. Start integration to proceed.

Start

Done

要整合 Line，必須將 LINE 的 Channel access tokcn, Channel ID, Channel Secret，填到這裡的 Configuration，才能按下 Start(底下的 button，目前無法作用)

進入 LINE Developer Console 取得 Configuration 需要的資料吧～

二 . 建立一個 LINE AI BOT

（一）登入 Line Developer Console

進入 Line Developer Console 的方法很簡單，直接在 Google 搜尋「Line Dev」

通常第一個出現的就是 LINE Developers

這裡就是 Line Developers 的入口網頁，請按下 Console（或是右上角的 Log In）

至於要使用「Line 帳號」或是「商用帳號」登入？可以參考官方文件的說明：

「使用LINE帳號登入」與「使用商用帳號登入」有何差別？

登入LINE Business ID時，可選擇「使用LINE帳號登入」或「使用商用帳號登入」。

使用LINE帳號登入
可透過用戶平常使用的LINE帳號進行登入。
選擇使用LINE帳號登入前，請事先於帳號內完成電子郵件帳號及密碼的設定。
※請務必以您目前使用的LINE帳號執行登入操作。
※登入途中可能需要透過LINE應用程式執行認證操作。

使用商用帳號登入
可透過用戶平常使用的電子郵件帳號進行註冊及登入。
若不希望使用私人的LINE帳號登入，或希望以公事用的電子郵件帳號登入，請透過此功能進行登入。

※依據使用的服務內容，系統可能限定必須以「使用LINE帳號登入」或「使用商用帳號登入」其中一種方式
進行登入。

（資料來源：LINE 官網文件）

這次就選擇以「Line 帳號」登入

溫馨小提醒

登入方法跟平常登入 LINE 平台是一樣，除了用電子郵件帳號＋密碼認證的方式，也可以選擇「透過行動條碼登入」

登入成功後，就會看到 LINE Developers Console，也就是一般俗稱的「開發者平台」或「後台」

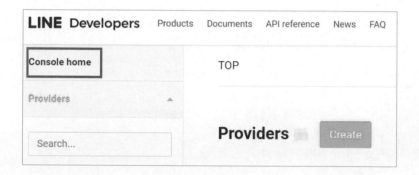

（二）建立 Providers

進入 Console 後，請按下 Providers 右邊「綠色的 Create」

請為這個 Provider 取個名子（欄位的下方會顯示取名的條件，當三者都符合時，「Create」才會變成綠色的），建立後會跳轉到以下的畫面

（三）建立 Messaging API

現在請點選「Create a Messaging API channel」項目。Steps as follows:

1. **Create a new channel:**

i.　必填欄位：

Channel name, Channel description, Category, Subcategory, Email address,

ii.　選填欄位：

在測試階段，除了必填項目之外，其他的不填也無妨

iii.　按下 Create：

完成後請記得必須勾選同意使用條款的選項（如下圖，紅色框線內的選項要打勾）

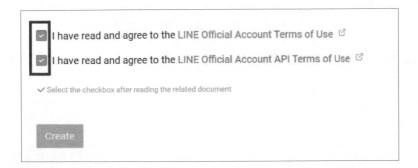

iv. 再次確認：

Create a Messaging API channel with the following details?

Channel name：就是用來練習的
Official Account name：就是用來練習的
Provider：LineAibotDemo

- If you proceed, an official account will be created with the same name as the messaging API channel above.
- You cannot change the channel provider after the channel is created. Make sure that the provider and official account owner are the same individual developer, company or organization.
- For the handling of LINE user information, please refer to User Data Policy ☒ .

Cancel   OK

沒問題請按下 OK，就會跳出一個徵求同意的訊息視窗

同意我們使用您的資訊

LINE Corporation（下稱「LINE」）為了完善本公司服務，需使用企業帳號（包括但不限於 LINE 官方帳號、Business Connect、Customer Connect;以下合稱「企業帳號」）之各類資訊。若欲繼續使用企業帳號，請確認並同意下列事項。
■ 我們將蒐集與使用的資訊
- 用戶傳送及接收的傳輸內容（包括訊息、網址資訊、影像、影片、貼圖及效果等）。
- 用戶傳送及接收所有內容的發送或撥話格式、次數、時間長度及接收發送對象等（下稱「格式等資訊」），以及透過網際協議通話技術（VoIP；網路電話及視訊通話）及其他功能所處理的內容格式等資訊。
- 企業帳號使用的 IP 位址、使用各項功能的時間、已接收內容是否已讀、網址的點選等（包括但不限於連結來源資訊）、服務使用紀錄（例如於 LINE 應用程式使用網路瀏覽器及使用時間的紀錄）及隱私權政策所述的其他資訊。
■ 我們蒐集與使用資訊並提供給第三方的目的
上述資訊將被用於（i）避免未經授權之使用；（ii）提供、開發及改善本公司服務；以及（iii）傳送廣告。
此外，我們可能會將這些資訊分享給 LINE 關係企業或本公司的服務提供者及分包商。
如果授予此處同意的人不是企業帳號所有人所授權之人，請事先取得該被授權人的同意。如果 LINE 接獲被授權人通知表示其未曾授予同意，LINE 得中止該企業帳號的使用，且不為因此而生的任何情事負責。

同意

（必須「同意」才能繼續使用 LINE 的服務呦）

建立成功後的畫面：會看到綠色標籤的 Admin 旁邊出現 Messaging API

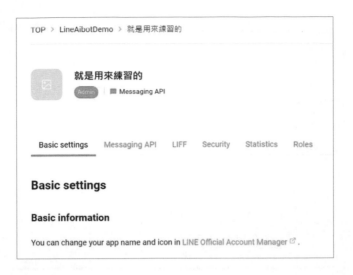

CX 需要的資訊：

Channel ID & Channel secret：在「Basic settings」

Channel access token：在「Messaging API」

拿到資料後，請將資料填入 Configuration 的欄位，底下的 Start 就會由灰色轉為藍色，按下 Start

整合成功，CX 會產生一個 Webhook URL（圖片的紅色框框），請複製這個 Webhook URL 貼到 Line Messaging API 項的 Webhook 欄位。

LINE 的 Webhook 欄位在 Messaging API 的 Webhook settings 底下，Edit 可以編輯，按下 Edit 貼上後，先 Verify（測試）Webhook URL

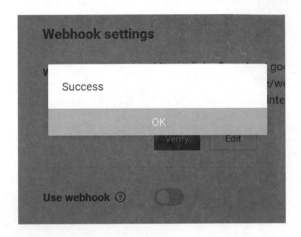

Success 後，再開啟 Use webhook

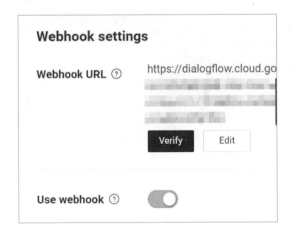

第一次進到 Console 建立 Messaging API 的讀者，如果對 LINE 很好奇的話，本書在後面的篇幅有介紹 LINE 的「AI 自動回應訊息」功能，這裡學完，可以跳到那邊繼續。

記得先建立一個 Messaging API 才有得玩 XD

2-4-3 Dialogflow ES

2-4-3-1 如何從 Dialogflow CX Console 開啟 Dialogflow ES Console

開啟 Dialogflow ES 的方法有好幾種，可以在 Google 搜尋，也可以從 Dialogflow CX 切換

點開左上的清單列，裡面就有 Dialogflow ES

Dialogflow ES 的登入畫面，請用 Google 帳號登入。（Dialogflow CX 跟 Dialogflow ES 是各自獨立的，可以同時使用不同的帳號分別登入）

必須接受 Terms of Service，才能使用 Dialogflow ES

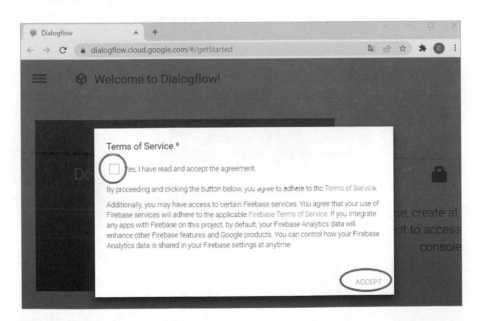

按下 ACCEPT 後就進到 Dialogflow ES Console（Dialogflow ES 的操作介面）。

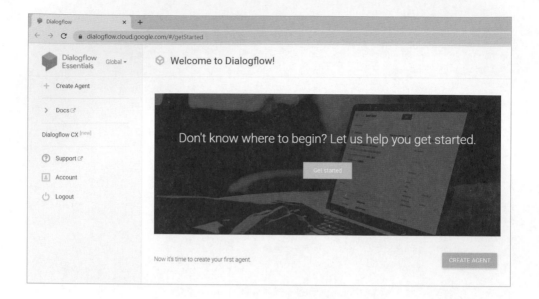

2-4-3-2 Dialogflow ES Console 注意事項

Dialogflow ES Console

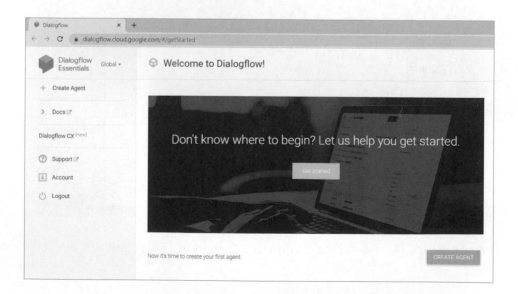

左邊的功能選項「Docs」，是官網提供的說明文件，有疑問時，建議先到官網查看原因（有時候出現異常是因為功能有「更新」的關係）。請按下「Create Agent」建立一個 Agent（左邊清單列，或是右下的藍色按鈕，都可以）

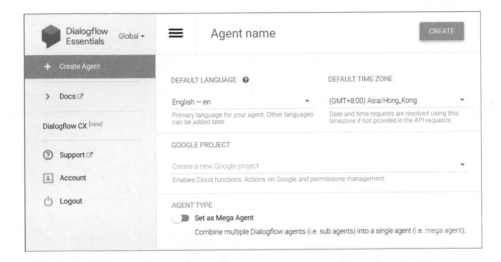

完成必填項目：(圖片的設定僅供參考)

1.　Agent name,

2.　DEFAULT LANGUAGE,

3.　DEFAULT TIME ZONE,

4.　GOOGLE PROJECT.

注意事項：

綠色圈圈內的 Mega Agnet 先不要～

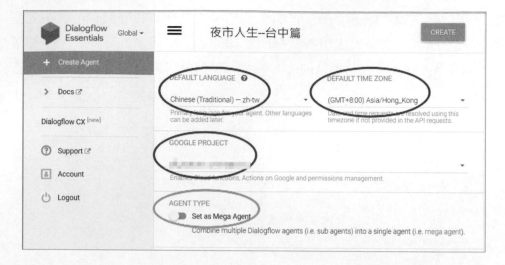

處理好，就按下 Create

這就是傳說中的 Dialogflow ES，名副其實的「麻雀雖小，五臟俱全」。一頭栽進去之前，有一件很重要的事情要先說，請先進到 Integration 操作頁面：

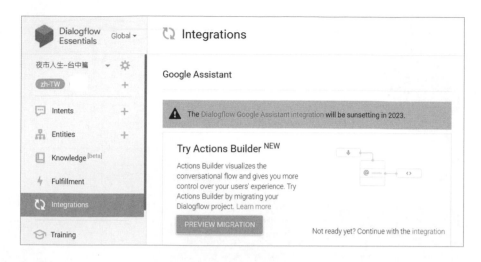

有看到嗎？沒有的話，請將網頁放大到 200%

The Dialogflow Google Assistant integration will be sunsetting in 2023.

最為人津津樂道的 Dialogflow 整合 Google Assistant 專案，自 2023 年起就不再提供服務，包括已經上線的專案。至於後續要怎麼處理，或是有無其他的替代方式，這部分就請依照專案的實際需求到 Google 官網尋找配套囉！（或是期待 2023 年的 Google I/O 大會發佈更好的消息。）

2-4-3-3 如何建立 Custom Agent

回到「Intent」頁面。建立一個新的助理時，ES 會自動的完成「Default Fallback Intent」及「Default Welcome Intent」兩項設定。

筆者分享一個自己常用的方法，可以迅速進入狀況，就是直接用右邊的「Try it now」（紅色圈圈）先測試。由於預設語言選擇中文，這裡就用中文打個招呼：「你好」。

送出後，USER SAYS 欄位會出現「你好」，底下的「DEFAULT RESPONSE」就是使用者會收到的回覆：「嘿！」。這個「嘿！」不是憑空出現的，是「Default Welcome Intent」裡面預設值。這幾句看得懂嗎？換個方式，用圖片說明，點一下藍色字體的「Default Welcome Intent」（紅色圈圈）

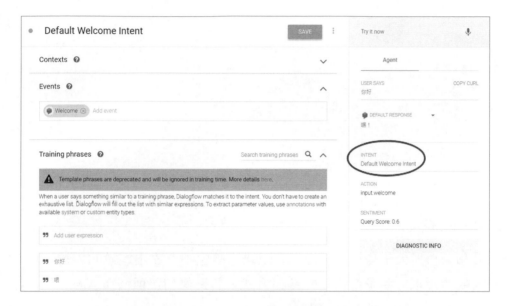

對照一下左右兩邊的資料。首先，左邊是「Default Welcome Intent」，會進到這個頁面是因為「你好」屬於「Welcome Events」，也在預設的「Training phrases」裡面，這時 Agent 就會進到「Responses」尋找預設的回覆方式。

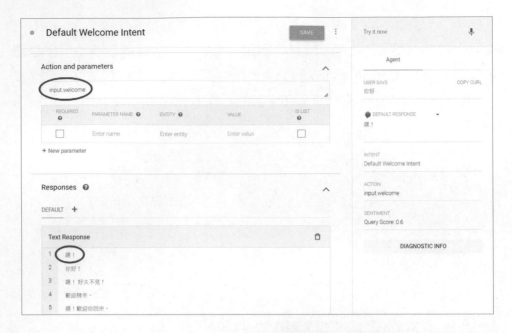

除 了「Default Welcome Intent」，最常被 Agent 使用的就是「Default Fallback Intent」。

由於聊天機器人不是真人，使用者說錯話時也不會露出尷尬的表情，可想而知就會出現一些千奇百怪的發問方式，若是遇到這種情形 Agent 就會在「狀況外」，舉個例子：「對著只懂中文的機器人用英文說 Hi」

是的，您沒看錯，Hi 也算是「Default Fallback Intent」。怎麼會這樣呢？

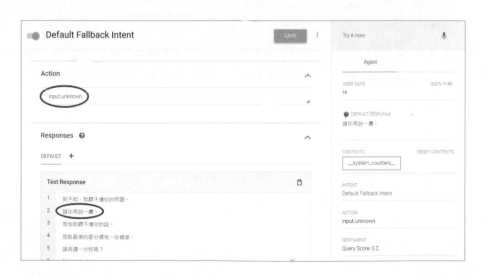

因為目前的 Intent 只有兩項，凡是不屬於「Default Welcome Intent」的，一律被歸類為「unknown」，就都算是「Default Fallback Intent」，ES 就會給出這裡的「Response」。

2-4-3-4 Small Talk Agent

不只 Dialogflow CX 有 Small Talk Agent 可以使用，在 Dialogflow ES 也是有內建的 Small Talk。在英文版的 Console 左邊功能表單就能看到 Small Talk，一起來看看吧～

1. Small Talk 在 en 版本的設定方式

直接在目前的語言環境，增加 en 版本

按下 zh-TW 旁邊的＋號，就會進入 Settings 的 Languages 項目，請在「Select Additional Language」找到「English-en」

Languages 會出現兩種語言

藍色是預設，也就是目前專案是 zh-TW。直接點選 en，就能切換預設語言。

預設語言環境換成英文後，左邊的功能列會多了一個「Small Talk」（如下圖）。

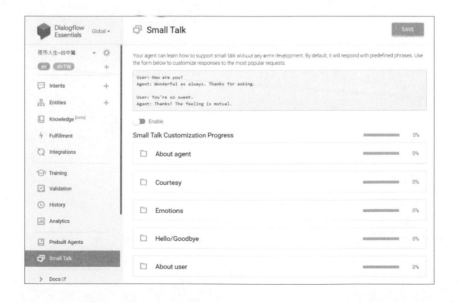

那這是要怎麼用呢？點進「About agent」一探究竟～

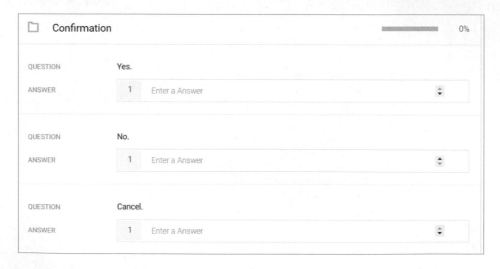

很明顯是使用 Question & Answer「一問一答」的模式。再看看其他的…

Confimation 的這幾個 Question 應該會很常用到。

使用方法也很簡單，開啟正中央的「Enable」後 SAVE，就可以了。

現在有個問題，如果情況特殊只能是 zh-TW 限定，但是又很想使用 Small Talk，要如何是好？將上面 Small Talk 的 Q&A 一項項手動加到 zh-TW 嗎？不不不，繁體中文版也有 Small Talk Agent 的配置，一起來找找吧～

2. Small Talk 在 zh-TW 版本的設定

繁體中文版 Console 的左邊功能列雖然沒有 Small Talk，但是有一個「Prebuilt Agents」，裡面就有 Small Talk

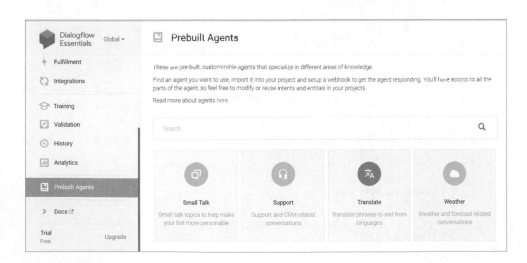

如果您找不到 Prebuilt Agents，請注意「地區」，目前只有「Global」有提供這項服務。

將滑鼠移到「Small Talk」，會出現綠色的「Import」，點一下 Import 就會
自動建立 Small Talk

處理好「New agent name」和「Google Cloud project」（也可以保留預設值），
點選藍色的「CREATE AGENT FROM TEMPLATE」

建立過程會需要一點時間，請等它完成。

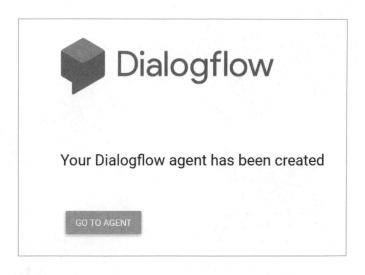

等到這個畫面出現，表示建立 Small Talk Agent 的工作已經完成，再按下藍色的「GO TO AGENT」

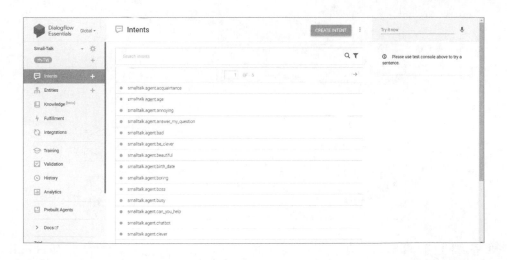

「哇～～真好，點點滑鼠就有現成的可以用了」，如果您也是這麼想的話⋯
很快就會發現事情好像不是想像中這麼美好 XD

說個「哈囉」試試！DEFAULT RESPONSE 出現「Not available」，這又是什麼意思？簡單的說，就是「已讀不回」啦！

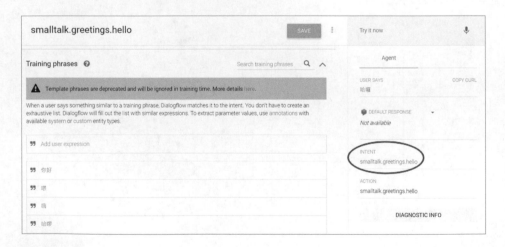

筆者稍微解釋一下「已讀不回」的原因。這是因為「哈囉」被 Small Talk 判定是預設的「smalltalk.greetings.hello」Intent，但是當 Agent 進到 Responses 找預設的回覆時，卻發現 DEFAULT 裡面什麼都沒有～

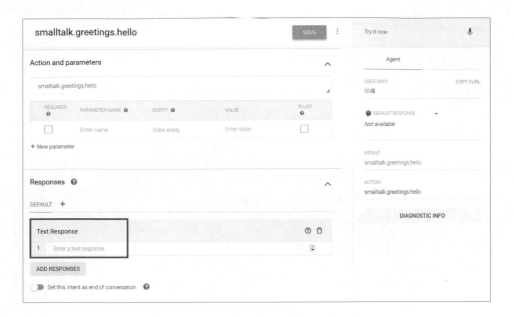

既然如此,就手動先增加一個 Text Responses(記得要 SAVE),再測試一次(看看會發生什麼變化)。

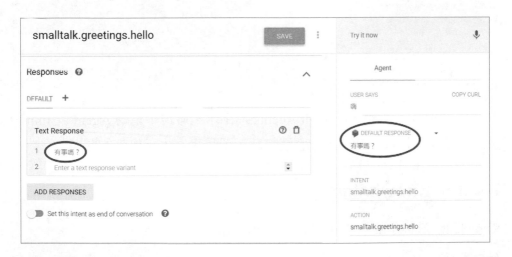

當 USER SAYS 被判定是「smalltalk.greetings.hello」Intent 時,Agent 就會回覆剛才新增的 Response「有事嗎?」。也就是說,這個 Small Talk 是個半成品,不用照單全收,先挑選自己需要的,再進一步完成基本設定。

最後補充說明一點：

不只是繁體中文環境有 Prebuilt Agents 的配置，英文版本也是有的。
Prebuilt Agents 在 zh-TW 有 4 種可以用，看看英文環境會有幾種？

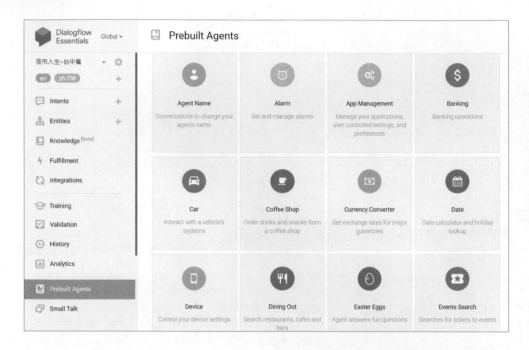

滿滿一堆 XD

筆者真心建議有空多到 Prebuilt Agents 巡田水，發現不錯的 Agent 就 import
試試，多看多比較，就不用擔心沒靈感，或是專案生不出來的問題。

2-4-3-5 Knowledge

Knowledge Bases 和 Prebuilt Agents 一樣，都是「Global」限定。

如果智能客服的主要服務是提供 FAQ 功能，並且有現成的 FAQ 網頁，就能
透過 Dialogflow ES 的 Knowledge Bases，迅速的將 FAQ 網頁內容轉換成一
個具有 FAQ 功能的 Chatbot。話不多說，直接來體驗吧～

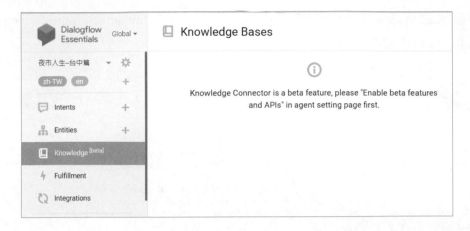

準備工作：必須先打開 Setting 的「beta feature and API's」設定

點選 Settings（紅色圈圈裏面的「icon」）進到 Settings 頁面。找到 BETA FEATURES 並開啟「Enable beta features and APIs」（Switch icon 會顯示藍色），完成後請記得先 SAVE 再離開。

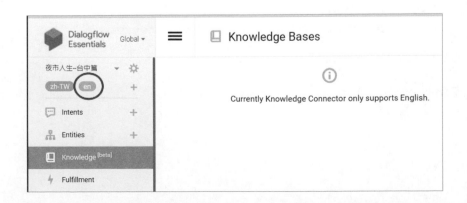

回到 Knowledge Bases，頁面會出現「Currently Knowledge Connector only supports English」。將預設語言換成 en 就 OK

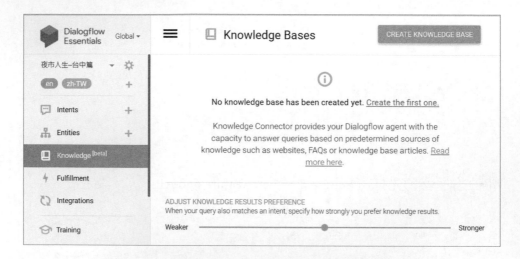

「No knowledge base has been created yet.」是說這專案還沒有建立 knowledge base。點選「Create the first one」或「CREATE KNOWLEDGE BASE」都可以建立。

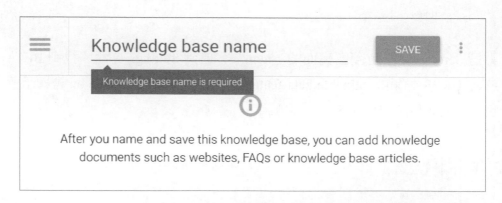

請先幫 knowledge base 取個名子，記得要 SAVE。

點選「Create the first one」（圖片中的紅色圈圈）加入 knowledge 文件。

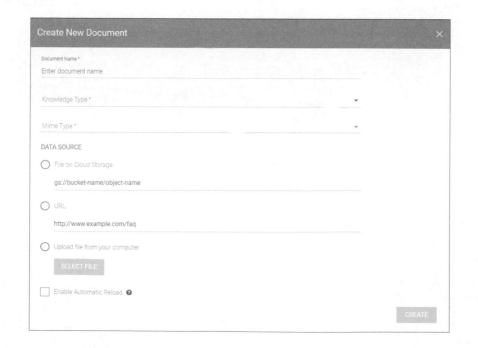

Create New Document（建立新文件）需要完成的項目：

1. Document Name: 自訂文件名稱。

2. Knowledge Type: 有「FAQ」跟「Extractive Question Answering」兩個選項。

3. Mine Type: html

4. Data Source: URL

注意事項：

1. Knowledge Type

如果 Knowledge Type 選 Extractive Question Answering 的話，是無法使用 URL 的（如下圖），也就是說，沒辦法直接將現成的 FAQ 網頁轉成 knowledge base 的資料。所以這次練習的 Knowledge Type 會選用 FAQ。

2. FAQ 網頁的編排方式

有一些 FAQ 網頁會因為內容編排的關係，導致格式不符而無法順利轉成 Knowledge Document 讓 Knowledge base 使用，若是讀者也有類似的狀況，可以參考 ikea Foundation 的 FAQ 網頁排版方式。

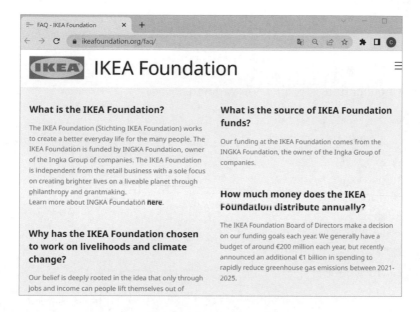

完成 Create New Document 的設定後，按下 Create

建立成功，會顯示在 Document Name。（建立失敗，請查看原因，再重新建立）

Document Name	Knowledge Type	Mime Type	Source/Path
ikea Foundation (View Detail)	FAQ	text/html	https://ikeafoundation.org/faq/

+ New Document

點開 ikea Foundation 旁邊的「View Detail」連結

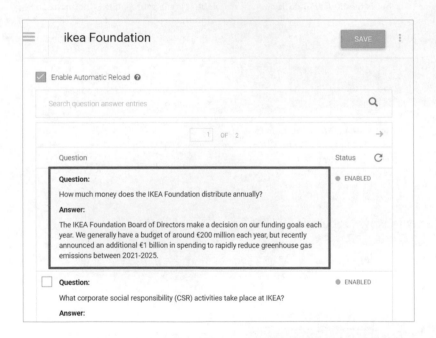

原先在 Ikea Foundation 的 FAQ 網頁內容就會變成 Knowledge bases 的資料。至於成效如何，先來測試（Try it now）了解一下

直接複製 FAQ 的 Question，貼到 Try it now 欄位，結果顯示「Not available」。恩…好～我等等再來解決這問題，先看一下「DIAGNOSTIC INFO」怎麼說～

```
16      "knowledgeAnswers": {
17        "answers": [
18          {
19            "source": "projects/faq-
   ixlb/knowledgeBases/MjMyMzIwMDk5OTI4MTM5MzY2NA/documents/MTA4MDk4NjY3MTA0MjE2MDIzMDQ",
            "faqQuestion": "How much money does the IKEA Foundation distribute annually?",
21          "answer": "The IKEA Foundation Board of Directors make a decision on our funding
   goals each year. We generally have a budget of around €200 million each year, but recently
   announced an additional €1 billion in spending to rapidly reduce greenhouse gas emissions
   between 2021-2025.",
22            "matchConfidenceLevel": "HIGH",
23            "matchConfidence": 1
24          },
```

Agent 會篩選所有在 Knowledge bases 可能符合「Question」的 FAQ 答案，依照 matchConfidence 值的高低選出前三名，並回覆分數最高的「Answer」給使用者。從 DIAGNOSTIC INFO 的第 16 行可以得知，第 21 行是這一次的最高分（1 是滿分）；

第 2 名在第 30 行、第 3 名在第 37 行。

Diagnostic info

Raw API response

```
25          {
26              "source": "projects/faq-
ixlb/knowledgeBases/MjMyMzIwMDk5OTI4MTM5MzY2NA/documents/MTA4MDk4NjY3MTA0MjE2MDIzMDQ",
27              "faqQuestion": "What is the source of IKEA Foundation funds?",
28              "answer": "Our funding at the IKEA Foundation comes from the INGKA Foundation, the
owner of the Ingka Group of companies.",
29              "matchConfidenceLevel": "HIGH",
30              "matchConfidence": 0.88975143
31          },
32          {
33              "source": "projects/faq-
ixlb/knowledgeBases/MjMyMzIwMDk5OTI4MTM5MzY2NA/documents/MTA4MDk4NjY3MTA0MjE2MDIzMDQ",
34              "faqQuestion": "How does the IKEA Foundation follow up on funded projects?",
35              "answer": "Annual grants are dependent on partners providing annual programme
reports demonstrating that funds have been used properly and according to original
intentions.",
36              "matchConfidenceLevel": "HIGH",
37              "matchConfidence": 0.763469
39          }
```

CLOSE   COPY RAW RESPONSE

看到線索了嗎？Agent 有找到答案，但是為什麼會丟出「Not available」呢？
因為 Knowledge bases 還有一個 Responses 沒有設定，當 Agent 完成任務後
進入 Responses，卻發現沒有任何指示，就會認為不用理會使用者（機器人
終究還是機器人啊…）

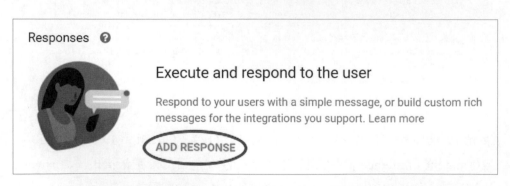

請點選 Responses 的「 ADD RESPONSE」新增回應。

Default 的 Text Response 會出現一個預設值「$knowledg.Answer[1]」，保留預設值即可（不用變更），記得要 Save。現在重新再來 Try it now!

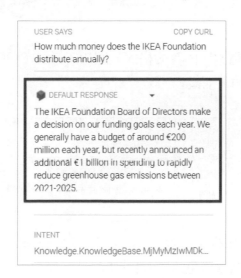

再次輸入相同的問題，就會看到剛才在 DIAGNOSTIC INFO 中 matchConfidence 值是 1 的答案出現了。

最後補充說明其他建立 knowledge bases 的方式：

1. CSV 檔案。

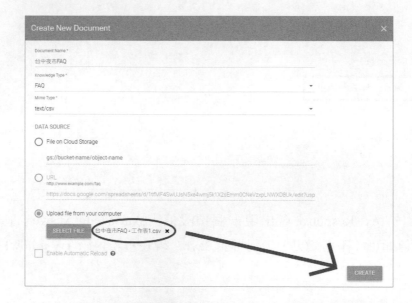

請先備好一份 CSV 檔案，內容的格式如圖片所示。（只需要 AB 兩個欄位，分別填入 Question 和 Answer）。

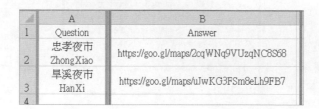

	A	B
1	Question	Answer
2	忠孝夜市 Zhong Xiao	https://goo.gl/maps/2cqWNq9VUzqNC8S68
3	旱溪夜市 HanXi	https://goo.gl/maps/uJwKG3FSm8eLh9FB7
4		

這次的 Mine Type 選擇 text/csv，以及 Data Source 選擇 Upload file from your computer 後，點選藍色的「Select File」將檔案上傳，就可以建立。

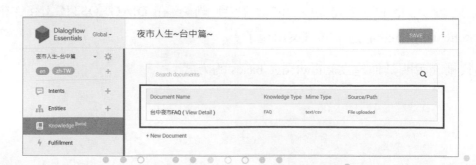

開啟台中夜市 FAQ 旁邊的「View Detail」連結，會看到 excel 檔案的資料以「Question & Answer」格式呈現。（如下圖）

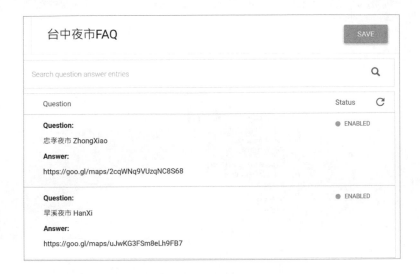

2. Data Source 的 File on Cloud Storage：

Cloud Storage 是 Google 的雲端儲存功能，將資料放在 Cloud Storage 的優點是許多由 Google 提供的服務都接受 Cloud Storage 的位置連結。這項功能雖然方便，不過這是一項付費（計量收費）的服務。

建立值區

由於 Cloud Storage 是需要付費的，最右邊有提供費用試算。請點選底下藍色的「建立」繼續。

選擇「上傳檔案」

檔案上傳成功後，會顯示在這裡，請開啟紅色圈圈內的工作表。

會在「使用中的物件」看到「gsutil URL」，這個 URL 就是檔案位置，也就是 Data Source 選 Cloud Storage 時提供的 URL。

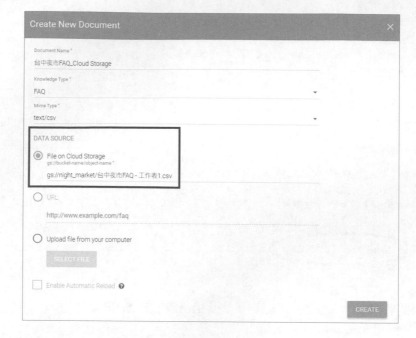

按下「Create」建立 Knowledge Base.

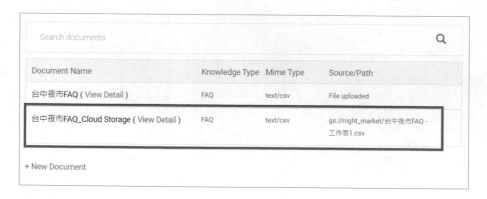

進入 View Detail 頁面

上述兩種上傳檔案的方法,最後得到的結果都是相同的。最重要的,就是記得都要「SAVE」。在 Dialogflow CX 時幾乎都是用 Integration 的 Dialogflow Messenger 當成外部使用者來測試,這裡也用 Dialogflow Messenger 試試看

好的，只是上傳檔案就能有這樣的效果，不錯不錯！！

2-4-3-6 即時通訊 (Maps Chat)

A. 概念

補充一個在「整合（Integrations）」頁面看不到的 Channel，但是可以跟 Knowledge Bases 整合的商用功能。

今年 (2022 年)5 月的 Google I/O 大會上，有一個 Program:「Conversational AI for business messaging」，主旨是：

> Create messaging experiences for consumers on Google Search and Maps using Google's Business Messages.

恩…從文字敘述應該很難想像這個功能，還記得本書在一開始提到的手機版 Google Maps 的即時通訊（Maps Chat）功能嗎？

看到這張圖片，估計會有不少讀者自然而然地說出：「我知道這個啊，我也有在用啊，每次回我的都是店家老闆（真人回覆）」。是的，跟 Google

申請商家服務成功後，就能開啟「即時通訊」功能（也可以選擇關閉不使用）。即時通訊不僅僅能以真人回覆，也可以設定罐頭訊息（例如：圖片的歡迎詞），還可以更進一步整合 Dialogflow，直接讓聊天機器人上場。

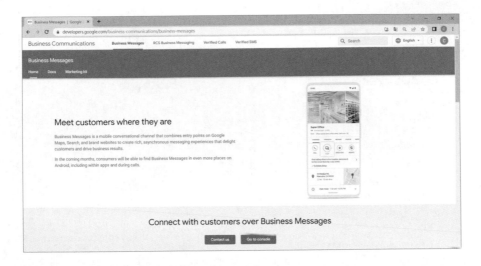

這是即時通訊的官網「Business Communications」，目前是在「Home」頁面，（旁邊的 Docs 是官網文件區，各種疑難雜症的解惑區）。點選下方藍色的「Go to Console」進入後台。

可以建立四種不同類型的合作夥伴：「Business Messages」、「RCS Business Messaging」、「Verified Calls」、「Verified SMS」

Google I/O 開發者大會示範影片的第一步，就是先註冊「RCS Business Messages」，通過 RCS 認證後取得「Partner ID」，接著就是開啟 Webhook 連接官網 repo⋯開始 Coding⋯

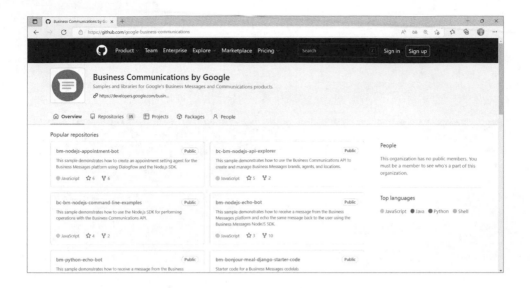

官方提供的 Github Sample repo. 需要先通過 Partner ID 認證才給用 XD

請注意 Agent 的最後一項「Virtual Pet Simulation Game」，這一個範例是個小遊戲，如果有興趣可以點進「說明欄位 (Description)」的「here」連結，觀看 demo 影片，還蠻有創意的。

Business Messages

Send and receive messages from users.

Agent	Description	Language
Kitchen Sink	This agent provides an interactive way to interactively explore Business Messages's features on your device.	Java ☑
Echo Agent	When the user sends a message, this agent echos the message back to the user. Includes the full SDK for the Business Messages API.	Node.js ☑ Java ☑ Python ☑
Appointment Setting Agent	This agent demonstrates how to support a customer with setting up an appointment with a business. The chat bot uses a custom Dialogflow conversational agent to power the conversation.	Node.js ☑
Bonjour Meal Agent	This agent demonstrates a buy online purchase in store customer user journey. The user can view shop items, add items to a shopping cart, and then pay for the items through a web-based checkout experience. See a screencast of the demo here ☑.	Python ☑
gCal Assistant	This agent demonstrates the integration of OAuth 2.0 on Business Messages with an identity provider. This sample showcases the integration with Google OAuth 2.0 ☑.	Python ☑
Shopping Cart	This sample showcases how to create a shopping cart experience on Business Messages.	Java ☑
Live Agent Transfer	This sample demonstrates how to hand off conversations between automation and live agents.	Node.js ☑
Virtual Pet Simulation Game	This sample demonstrates a virtual pet simulation game built in Business Messages. See a screencast of the demo here ☑.	Node.js ☑

如果想申請 RCS 的話，請選擇「RCS Business Messaging」的建立合作夥
伴帳戶

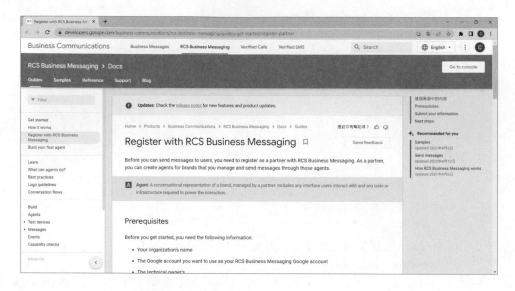

請提交個人資訊，完成註冊手續。

填寫完畢，記得同意（勾選）這兩個要求，提交。

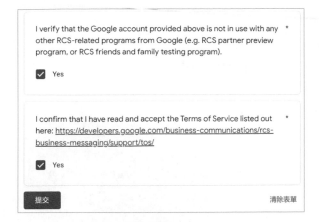

審核期間大約 3-7 天，請耐心等候通知信～

B. 建立帳號

如果無法申請（或申請未通過）RCS 合作夥伴，也可以選擇建立 Business
Messages 帳號，也是可以設定聊天機器人。回到 Business Communications
Console，這次選擇「Business Messages」

Business Messages

Business Messages 結合 Google 地圖和 Google 搜尋
的進入點與品牌網站，可提供豐富的非同步訊息體驗，
還能滿足客戶需求及提高業務成效。 瞭解詳情

建立合作夥伴帳戶　　尋找合作夥伴

建立合作夥伴帳戶

建立 Business Messages 合作夥伴帳戶

有了 Business Messages 合作夥伴帳戶，即可建立 Business Messages 品牌和代理程式。 瞭解詳情

你在找 RCS Business Messaging、已驗證通話 或 已驗證簡訊 嗎？

公司電子郵件地址

████ ███ @gmail.com　　切換帳戶　 ❓

你的姓名 *

合作夥伴名稱 *　　　　　　　　　　　　　　❓

合作夥伴網站 *　　　　　　　　　　　　　　❓

地區 *　　　　　　　▼

點選「建立」即代表您同意《服務條款》。

建立

選項都是必填，留意登入的電子郵件是否正確，有誤請按「切換帳戶」更正，填完請按右下的「建立」。（Business Messages 是商用，Google 審查的標準比申請 GCP 帳號嚴格，請謹慎填寫資料。）

進入合作夥伴帳戶「設定」頁面

完成「技術支援聯絡人」必要欄位,包括:「姓名」、「電子郵件」(先不設定 Webhook),填寫完畢記得要「儲存」。接著請點選上方的藍色 Title「Business Communications」回到 Console 頁面。繼續下一步:「建立代理程式」。

新增「**Business Messages**」服務專員　✕

合作夥伴帳戶

楊舒安

品牌

品牌名稱 *

還可以輸入 100 個字元

代理程式名稱

代理程式名稱 *

還可以輸入 100 個字元

點選 [建立代理程式] 即表示您同意《服務條款》。

取消　　建立代理程式

「品牌名稱」和「代理程式名稱」都是必填欄位，完成後請按下「建立代理程式」。

歡迎使用 Business Communications

開發人員可透過 Google 的 Business Communication 產品在與使用者的對話中加入品牌商標和商家名稱，藉此提升品牌知名度。瞭解詳情

目前登入的帳戶是：▇▇▇▇@gmail.com　合作夥伴帳戶設定

搜尋

檢視方式：

＋
建立代理程式

舒
楊舒安
舒安的小天使
2022年5月14日
Business Messages

剛才建立的代理程式就會出現在 Console 頁面。請點選紅色框線內的「Business Messages」（藍色字體），進入代理程式的設定頁面（如下圖）。

開啟左邊功能列的「驗證」（在「部署」的下方）。

訊息顯示無法驗證服務專員，進入「服務專員資訊」頁面，先更新基本資料。

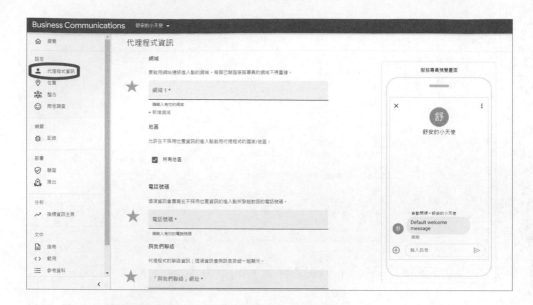

代理程式資訊裡面有幾項必填欄位（綠色星星）要處理：「網域」、「電話號碼」、「與我們聯絡」。完成後，請到「對話設定」頁面。

對話的預設語言是 en（英語），可以更改成中文。在「對話設定/語言代碼」右邊的＋可以增加語言。新增一個「zh (Chinese)」並設定成「預設語言代碼」（如下圖的紅色箭頭）。

預設語言換成中文後,有兩個必填欄位要處埋:

1. 歡迎訊息(紅色箭頭):使用者開啟對話視窗時,會發送的訊息。

2. 隱私權政策(綠色星星):隱私權政策會讓使用者知道,使用這個即時通訊的服務時,會蒐集哪些相關個人資料,對於蒐集到的資料會如何使用…等等。

如果「第一次」碰到隱私權政策,筆者分享一個網站(Privacy Policies)可以解決這個問題。

Google 搜尋或是直接 Key-in 網址,進到 PrivacyPolicies 網站後,點選右上的「Start here」開始。

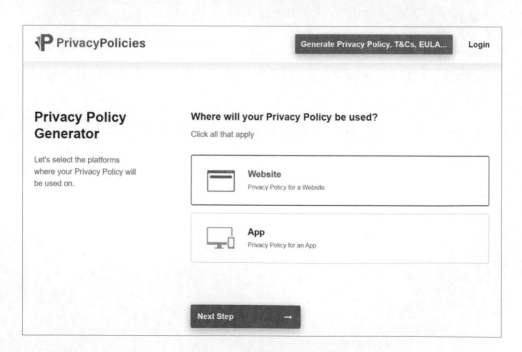

按照頁面的步驟完成所有設定，再點選下方的「Next Step」繼續。

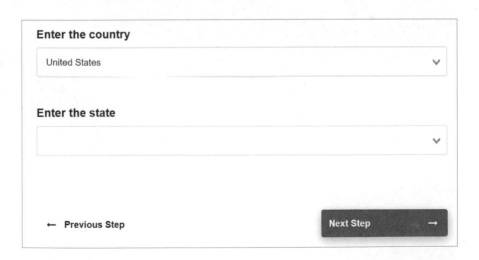

Privacy Policy Generator

Let's select the platforms where your Privacy Policy will be used on.

What is your website URL?

http://www.mysite.com

e.g. http://www.mysite.com

What is your website name?

My Site

e.g. My Site

Entity type

○ I'm a Business

e.g. Corporation, Limited Liability Company, Non-profit, Partnership, Sole Proprietor

○ I'm an Individual

選擇 Website（網站），需要提供 Website URL（網站連結）和 Website name（網站名稱），確認這個 Website 是 Business（商用）或是 Individual（個人，「非商用」也可以選這個）。完成後，請按「Next Step」繼續。

Enter the country

United States

Enter the state

← Previous Step   Next Step →

部分的隱私權條款是會產生費用的（有需要費用就會顯示在該條款的最右邊）。

Privacy Policy Generator

Let's select the platforms where your Privacy Policy will be used on.

What kind of personal information do you collect from users?

Click all that apply

- [ ] Email address
- [ ] First name and last name
- [ ] Phone number
- [ ] Address, State, Province, ZIP/Postal code, City
- [ ] Social Media Profile information (ie. from Connect with Facebook, Sign In With Twitter) `$10`
- [ ] Others

Do you use tracking and/or analytics tools, such as Google Analytics?

- ○ Yes, we use Google Analytics or other related tools `$24`
- ● No

Do you send emails to users?

- ○ Yes, we send emails to users or users can opt-in to receive emails from us `$14`
- ● No

請在最上方的欄位填寫有效的 Email（系統會將隱私權政策的檔案寄送至信箱），填寫完畢按下 Generate

Privacy Policy Generator

Let's select the platforms where your Privacy Policy will be used on.

Your e-mail address to receive the Privacy Policy

You will receive the Privacy Policy to this email address

Choose additional languages

🏴 English

Price for this Privacy Policy: 0 USD (It's free)

← Go Back   Generate

By clicking "Generate", you agree to our Terms of Use, our Privacy Policy and our Disclaimer

完成隱私權政策的設定步驟後，Privacy Policy 會將隱私權條款發佈在自家網頁，並提供免費代管的服務。底下的 Generate files 可以下載這份隱私權條款

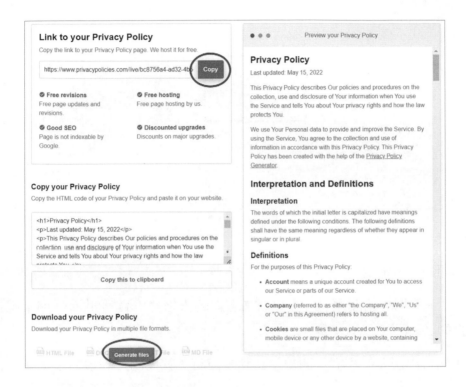

按下 Copy 複製隱私權條款的網址連結，貼到「代理程式資訊的隱私權政策欄位」

如有需要「對話開頭句」，可以設定（圖片僅供參考）。最後，按下「儲存」

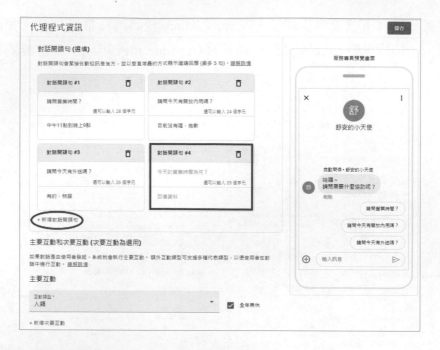

對話開頭句設定說明：

按下「＋新增對話開頭句」可以新增空白的表格（「對話開頭句 #4」就是空白的）。

開頭句會出現在使用者「開啟」對話視窗時（就像圖片右邊的手機顯示畫面）。

儲存後，點選「代理程式測試網址」的「傳送」，系統就會將代理程式的
測試網址寄到信箱。手機測試依照作業系統選擇 Android 或是 IOS

信箱會收到一封 BM Support 寄出的信，主旨是「Your agent URLs for 代理
程式名稱」，信件內容就是 Android 和 IOS 的測試網址

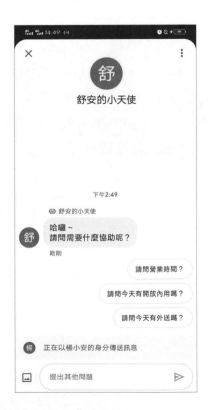

筆者是用 Android 手機，不需要透過 Google 地圖就能使用即時通訊。到這裡都 OK 的話，就要來整合 Dialogflow，讓即時通訊結合聊天機器人功能。

C. Dialogflow 整合 Maps Chat

回到 Business Communications Console，開啟「整合」頁面

Business Messages 的整合方式有三種，Webhook、Dialogflow 和小幫手機器人。小幫手機器人是一個 Business Messages 的 FAQ 機器人，操作上有遇到的問題，都可以先詢問小幫手機器人，會省下不少的時間（自己找資料或是等待真人客服回信都需要時間成本）。設定小幫手機器人的方式也很簡單，按下啟用，照著設定步驟就能完成。

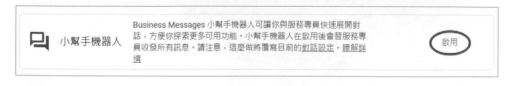

我們的重點是第二項的 Dialogflow，按下「啟用整合功能」。

這裡跟 Agent Assist 一樣，如果還沒有 Dialogflow 專案可以整合，都可以立即建立一個新的（按下「前往 Dialogflow」）。這次要整合的 Dialogflow 是「ikea Foundation 這個 FAQ 專案」，因此要選擇「連結現有模型」

Dialogflow 的兩個版本都可以跟即時通訊整合，但是有限制（參閱圖片說明）

> Business Messages agents support direct integrations with
>
> - **Dialogflow ES:** intent matching and FAQ bots
> - **Dialogflow CX:** intent matching and live agent handoff

剛學完的 Knowledge bases 功能就是一個 Dialogflow ES 的「FAQ bots」，就順便介紹即時通訊。

Dialogflow

如要允許服務專員存取你的 Dialogflow 專案，請輸入 Dialogflow 詳細資料。瞭解詳情

Dialogflow 版本
Dialogflow CX ▾

專案 ID *

服務專員 ID *

🗹 啟用自動回覆

返回　　　繼續

2-187

Dialogflow 版本請選擇 Dialogflow ES

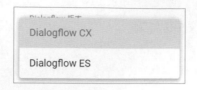

填入「Dialogflow ES 的專案 ID」後，繼續

開始整合前，請先檢查是否已完成所有設定的步驟

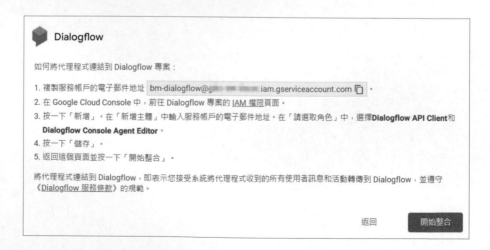

按照說明，需要先到 Google Cloud Console 的「IAM 權限」頁面新增主體和角色

新增

為「faq-■■」資源新增主體和角色

請在下方輸入一或多個主體，然後為這些主體選取角色，以授予對方相應的資源存取權。
您可以為主體指派多個角色。瞭解詳情

新增主體 *

請選擇角色 *   條件
                              新增條件

+ 新增其他角色

[儲存] [取消]

複製說明視窗的服務帳戶，貼到「新增主題」欄位。

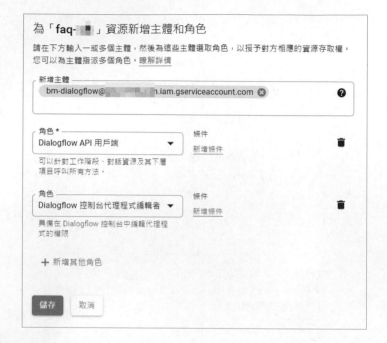

角色請選擇：

1.　Dialogflow API 用戶端

2.　Dialogflow 控制台代理程式編輯者

完成後，儲存

檢查是否有設定成功，再離開

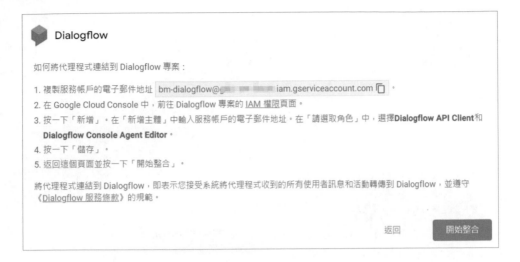

準備工作都處理好，按下「開始整合」

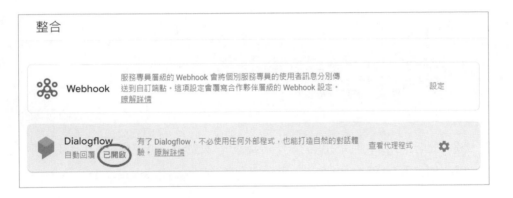

開始整合後，Dialogflow 欄位的自動回覆旁邊會顯示「已開啟」，表示這時
候的即時通訊是由 Dialogflow 在回覆使用者的訊息。

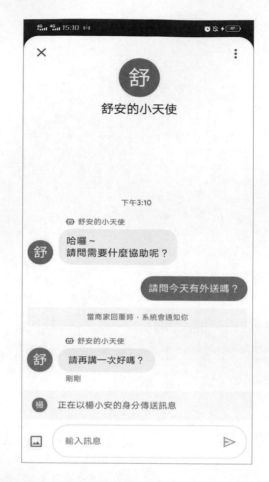

恩，整合是成功了，但是這答案「請再講一次好嗎？」好像不太 OK（呵呵呵呵呵…應該馬上就會收到「一星負評」）

「查看代理程式」可以直接開啟整合的 Dialogflow 專案。

到 Dialogflow 的「Default Fallback Intent」處理一下

刪除 Responses 原先的預設 Text Response，並新增一個可以「引導」使用者的回覆句。別忘記其他語言版本的 Fallback 也要喔！（也算是提醒使用者，機器人只會回答相關問題。）

en 版本就用英文回覆使用者

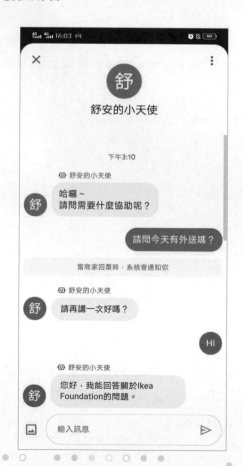

這次送出 Hi，就能收到比較妥當的回覆了。繼續對話…

詢問有關 Knowledge Bases 的問題，給的回覆也很正常。這邊還有一個貼心的功能：「查看其他答案」，點下去會出現其他答案。

「查看其他答案」是從哪裡冒出來的！？回到 Dialogflow ES 查原因吧～

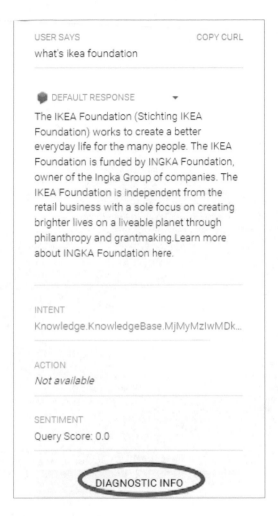

在「Try it now」輸入同樣的問題「what is ikea Foundation」後，開啟
「DIAGNOSTIC INFO」頁面

Diagnostic info

Raw API response

```
1  {
2    "responseId": "06d6ea92-a7eb-4d34-a29b-d2872b481d97-36f35620",
3    "queryResult": {
4      "queryText": "what's ikea foundation",
5      "parameters": {},
6      "allRequiredParamsPresent": true,
7      "fulfillmentText": "The IKEA Foundation (Stichting IKEA Foundation) works to create a
   better everyday life for the many people. The IKEA Foundation is funded by INGKA Foundation,
   owner of the Ingka Group of companies. The IKEA Foundation is independent from the retail
   business with a sole focus on creating brighter lives on a liveable planet through
   philanthropy and grantmaking.Learn more about INGKA Foundation here.",
8      "fulfillmentMessages": [
9        {
```

CLOSE   COPY RAW RESPONSE

就是依照第 33, 40, 47 行的 matchConfidence 值

```
26 ▼      "knowledgeAnswers": {
27 ▼        "answers": [
28 ▼          {
29             "source": "projects/faq-ixlb/knowledgeBases/
30             "faqQuestion": "What is the IKEA Foundation?",
31             "answer": "The IKEA Foundation (Stichting IKEA Foundation) works to create a bett
32             "matchConfidenceLevel": "HIGH",
33             "matchConfidence": 0.9727797
34           },
35 ▼          {
36             "source": "projects/faq-ixlb/knowledgeBases/
37             "faqQuestion": "What is the source of IKEA Foundation funds?",
38             "answer": "Our funding at the IKEA Foundation comes from the INGKA Foundation, th
39             "matchConfidenceLevel": "HIGH",
40             "matchConfidence": 0.9612441
41           },
42 ▼          {
43             "source": "projects/faq-ixlb/knowledgeBases/N
44             "faqQuestion": "What's the relationship between IKEA the retail business and the
45             "answer": "The IKEA Foundation is funded by INGKA Foundation, owner of Ingka Grou
46             "matchConfidenceLevel": "HIGH",
47             "matchConfidence": 0.884254
48           }
49         ]
50       }
```

之前在 Dialogflow ES 時也有提到，Agent 會自己比對問題進而尋找答案，
會先給出 matchConfidence 分數最高給使用者參考；如果不是使用者要的答
案，可以按下「查看其他答案」，Agent 就會再送出另一個答案（分數第二
高的）。

這也是整合 Dialogflow 專案的一個優點，遇到打破砂鍋問到底的使用者，FAQ 機器人就可以立即回覆不同的答案，不至於讓真人客服應付到筋疲力竭，也是相當人性化的設計！

4. 善用 Maps Chat

商用虛擬客服除了實用之外，如果能夠再具備商業宣傳的效果（例如：提高曝光率或是加深使用者印象），那就更加分了。

筆者使用 Android 手機，本篇的敘述內容可能會與 iphone (IOS 手機系統) 的情形有所落差。現在請再次拿起手機，開啟 Google Maps

（本人的美食地圖，密集恐懼症的讀者請忍耐一下 XD）

Google Maps 的普及程度以及使用率，早已跟 LINE、FB、IG 無分軒輊。使用 LINE、FB、IG 等等的社交軟體當成官方帳號時，通常只有在使用者想到問題時才會開啟對話，對話結束後，大概得等到下次有需要時才會再想到。（換個角度，如果使用者沒有問題想問的話，就跟官方帳號無緣了，甚至有可能就 byebye forever.）

現在，請點選右下角的「最新動態」

進到「最新動態」的頁面，選擇「訊息」

即時通訊是 Google 地圖的服務之一，所以之前跟「舒安的小天使」的對話
紀錄就會出現在 Google 地圖「最新動態」的「訊息」項目裡面。

訊息分成「個人」跟「公司」兩類。

個人：

帳號使用者跟其他商家的對話紀錄都會出現在這裡，屬於帳號的私人行為。

公司：

跟 Google 申請「商家服務」成功後，就可以用「真人回覆」的方式回覆使
用者，回覆紀錄就會被放到這裡，屬於帳號的商業行為。（如下圖）

之前我是用 Google 商家服務的帳號，跟「舒安的小天使」（另一個 Google 帳號所建立的 Business Messages 帳戶）對話。所以跟「舒安的小天使」的對話紀錄屬於我的私人對話；切換到「公司」對話紀錄，有一封從「Google Business Profile」發出的訊息，內容是與即時通訊相關，順便看看吧～

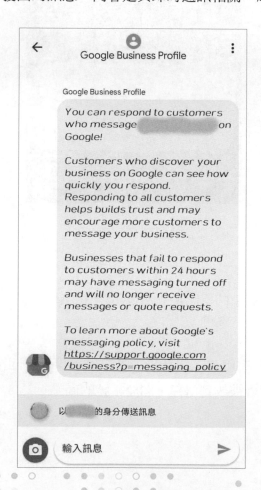

這段話大概是在提醒商業訊息的重要性，希望商家要重視使用者體驗，如果商家對於使用者的訊息置之不理，或是忙到沒時間回覆，Google 就會介入（通常就是先關閉這項功能。其實不只 Google 會這樣，Meta 對於 FB 的訊息功能也是一樣的嚴格）。點進這則訊息最後面的連結

「說明中心」是即時通訊的使用教學資訊；而「驗證你的商家」則是驗證步驟教學。（「小幫手機器人」也可以提供類似的教學資訊。）

前面有提到，開啟即時通訊後，要重視使用者的訊息，不能放著不回，更不能逃避問題，真人回覆有時就是剛好不方便，學會如何用聊天機器人代打（整合 Dialogflow ES 跟 Maps Chat）也是不錯的方法。

即時通訊的部分就先介紹到這裡囉～

2-4-3-7 Entity

Entity 的中文翻譯是「實體」（比起實體這名詞，筆者認為「關鍵字」更貼近 Entity 的用法），為了避免文字解釋，讓人愈看愈「霧煞煞」。這次就透過 Prebuilt Agents 的「Support」來講解 Entity

開啟 Prebuilt Agents

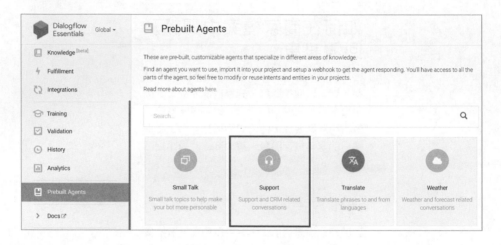

選擇 Support，並完成 Import 的步驟

Dialogflow Console 預設畫面是 Intent，請選擇「Entitics」

ES 的 Entites 設定分成「Custom」跟「System」。Custom 是自訂的 Entity；System 是 ES 預設的 Entites

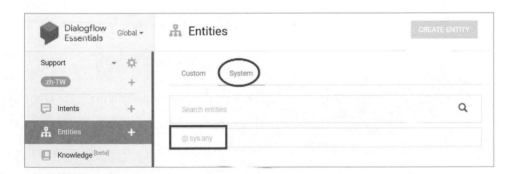

請注意兩張圖片右上的「CREATE ENTITY」，Custom 是可以在這裡新增的，但是 System 是無法自行新增，有使用到就會自動出現在這裡。

這 是 Custom（自訂）「@media」的 內 容，這 裡 只 有 用 到「Define synonyms」，所以底下的項目左邊是「標準的詞彙」，右邊是「可能會出現的詞彙」。

第 二 個 就 是「Regexp entity」，在 CX 時 有 說 過 Regexp entity 跟 Define synonyms 是無法同時使用的，因為 Regexp entity 格式的關係，Synonyms 功能就會被關閉。（CX 時曾用台灣的手機號碼當例子，這部分再請讀者參閱本書在 CX 的 Regexp entity 說明）。

Define synonyms 也可以搭配「Fuzzy matching」使用。第一項的「twitter」可能會有使用者拼成「ttwiiter」或是「twriter」之類的，使用 Fuzzy matching 就能解決拼錯字的情形，但是也可能會發生 ES 將「twitch」甚至是「TWICE」也當成 twitter。

舒安表示：
人家明明是想 follow「子瑜」，結果卻出現馬斯克跟 twitter 的官司新聞…

受限於 Regexp entity 格式的關係，Fuzzy matching 當然也是無法與 Regexp entity 同時使用的。

☐ Allow automated expansion

最後一個「Allow automated expansion」，來舉個例子：

小賀早餐店有供應中西式餐點，漢堡、蛋餅、炒麵、豬血湯…等等等，飲料有奶茶、豆漿、紅茶…等等等。某日早晨，一位客人跟點餐機器人（代號：叫小賀）開始了以下的對話：

客人：早安

小賀：哈囉～我叫小賀，請問需要什麼服務？

客人：小賀早，我想要一份三明治跟一杯咖啡，謝謝。

小賀：請稍後…

（此時，小賀發現自己的餐點 List 裡面並沒有「三明治」跟「咖啡」這兩項，要拒絕客人嗎？但是「小賀」發現主人有開啟「Allow automated expansion」的功能，根據小賀的判斷，「三明治」跟「咖啡」應該也算是一般常見的中西式餐點…）

小賀：好的，餐點都是現做，請稍等。

（最後小賀接受了客人的訂單。）

這功能乍看之下很方便，但是點餐單如果有提供「鐵板麵」，在客人說出「牛排」時，即使商家不供應排餐，小賀也有可能會照單全收。正常來說，多數的餐飲業者都還是會將自家能提供的 menu 明細列出，筆者建議除非有必要，盡量避免使用 Allow automated expansion 功能。

如果有需要 Json 語法，可以從右上的清單選項裡面的「Switch to raw mode」切換

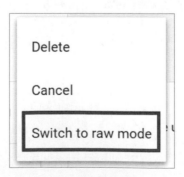

至於 System Entities 就留在 Intent 一起講解吧～

2-4-3-8 Intent

A. 概念

Intent 的中文翻譯是「意圖」。白話一點的說法就是「動機」或是「目的」，就是使用者為什麼會跟機器人開啟對話的原因。

Intent 跟 Entity 是 AI 功能 NLP 的兩大重點。Entity 讓 Agent 遇到特定的字、詞，甚至是句子時，就能自動判斷。Intent 就更神了，如果讀者有先看過 CX 的 Intent 篇幅，當使用者表達自己的需求時，Agent 就知道要到哪裡找答案回覆給使用者。（當然，「答非所問」也是在所難免。）

在 CX 曾提到：「ES 的 Intent 是封閉式 (block) 的設計」。就來看看 ES 的 Intent 到底有多封閉。

進到 Intents 頁面，會看到右上方有個「CREATE INTENT」，按下後就可以開始建立一個新的 Custom Intent。最上方的「Intent name」欄位是自訂的 Intent 名稱，其他就是 Intent 的基本設定，包括 Contexts, Events, Training phrases, Action and parameters, Responses, Fulfillment。（分別點開底下的說明）

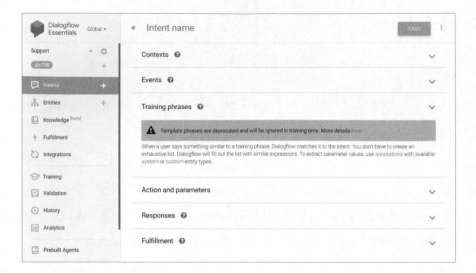

Contexts

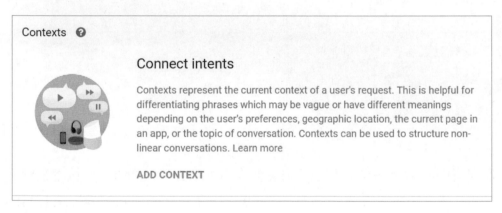

Events

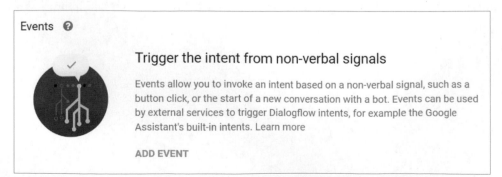

Training phrases

Train the intent with what your users will say

Provide examples of how users will express their intent in natural language. Adding numerous phrases with different variations and parameters will improve the accuracy of intent matching. Learn more

ADD TRAINING PHRASES

Action and parameters

Action and parameters

Extract the action and parameters

Parameters are specific values extracted from a user's request when entities are matched. The values captured by parameters can be used in fulfillment, or in building a response. If you mark parameters as required, Dialogflow will prompt the user if their values were not extracted from their initial request. Learn more

ADD PARAMETERS AND ACTION

Responses

Responses

Execute and respond to the user

Respond to your users with a simple message, or build custom rich messages for the integrations you support. Learn more

ADD RESPONSE

Fulfillment

就這樣！？好奇的問一下「沒碰過 ES」的讀者，看完以上的說明就知道怎麼操作了嗎？如果答案是肯定的，那就恭喜啦！！直接跳級到 Fulfillment 繼續學習，距離目標又往前邁進了一大步～～

如果答案是否定的呢？既然無法從說明得知 Intent 的要領，就來觀摩 Support 的 Intents 是如何設計，有樣學樣最快。「取消」上一步「建立 Intent」的步驟，返回 Support 的 System Intents 頁面後，任選一個 Intent。

舒安表示：
前兩頁直接貼上 ES 的 Create Intent 各項說明，絕對不是在騙稿費喔！！
一切都是為了要讓 Support 出場～（筆者用心良苦啊 XD）

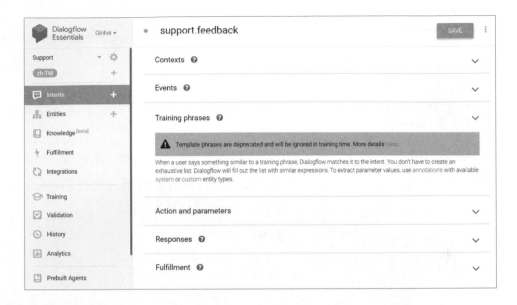

這次練習就挑「support.feedback」，再一次的分別點開各項設定。~~(再一次？？明明就是在騙稿費)~~

B. Context

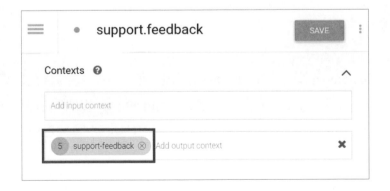

點開 support.feedback 的 Contexts，只有看到「output context」欄位有個「support-feedback」，也看不出個所以然來！？為了更好理解 Input & Output 的概念，這裡要先介紹「follow-up Intent」

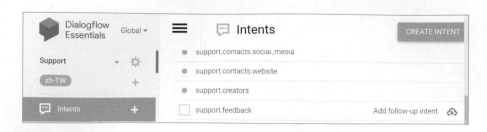

再一次回到 System Intents，將滑鼠游標移到「support.feedback 右邊」，會
出現「Add follow-up intent」，請按下它，會出現一個清單

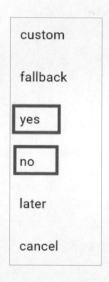

清單除了 Custom 之外，其他的都有加入預設值。最常見的就是需要使用者
作決定時，會使用「yes」、「no」還有「cancel」，其他的還有「fallback,
later, next, previous…等等」。除了 yes 跟 no 這種是非題，也有選擇題專用
的「select.number」。

稍後的練習是個「是非題」，這裡就分別新增「yes」跟「no」（請注意 yes 跟 no 要在同一層）。目的是要讓 Agent 收到使用者的意見時，能夠進一步詢問使用者「是否」還有其他的想法，讓使用者能夠抒發「滿腹牢騷」。

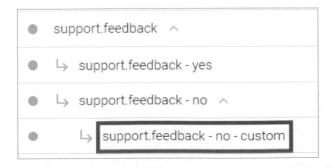

使用者回答 yes 時，如果有整合 Agent Assist 的服務，就可以設定轉接給線上的真人客服；如果使用者回答 no，就可以結束對話。

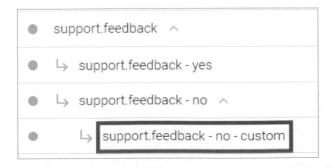

請在「support.feedback – no」底下再新增一個 follow-up Intent 後（這次選的是「Custom」），進到「support.feedback – no」頁面

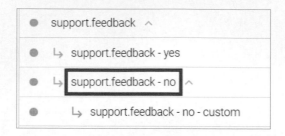

在 Response 的 Text Response 增加一個回應（記得按 SAVE）。

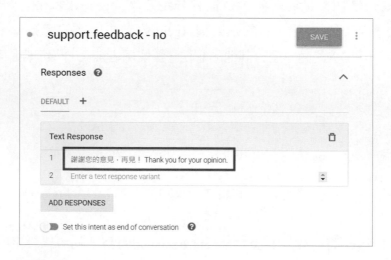

進到「support.feedback – no」頁面時，應該會先看到最上方的 Contexts 都自動填入一些內容。

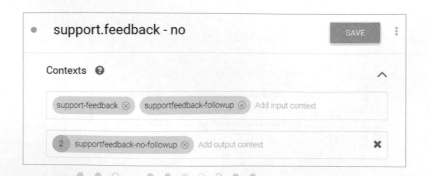

回到本篇的重點「Contexts」（搭配這張圖就會比較好理解 Contexts 的概念），當使用者送出的訊息與 support.feedback 的 user expressions 相似時，Agent 就會進入 support.feedback 的 Intent，這時候的 input context 會是 support-feedback，表示 Agent 目前在這裡「作用中（Action）」。而上圖的 Contexts，出現兩個 input contexts 是因為「support.feedback – no」是 support.feedback 的「follow up intent」，表示 Agent 目前是在 support.feedback – no，但也還是在 support.feedback 裡面。

當 Agent 將 Intent 交代的任務處理完畢後，就會到「output context」巡視，如果有指示就會繼續下一步（進到另一個 Intent）。

這樣講，還 OK 嗎！？（還醒著嗎？）

舉個生活化的例子，某日筆者經過星 8 克，想起最近好像有收到新品上市的通知，就進入門市詢問店員，店員回覆：「喔，有的，氮氣冷翠咖啡」，最後筆者外帶了一杯「抹茶奶霜星冰樂」。

這個案例中，input context 是「點餐」，output context 是「結帳」。（input context 應該還會出現「對氮氣冷翠咖啡說 no」的 follow up intent）

讀者如果有先看過 CX，應該會覺得 CX 的「Transition」（Fulfillment 的設定裡面）跟 ES 的 output context 有幾分雷同，都有「下一站去哪裡？」的涵義。

最後還是要驗收成果，在測試之前請在 support.feedback 的 Response 加入
自訂的 Text Respones，建議用「疑問句」引導使用者進入 follow up intent

「告訴開發人員」是 Support.feedback 在 Training phrase 的預設 user
expression，Agent 碰到這幾個字，就會進到 Support.feedback Intent，這時
候正在作用中（Action）的 Context 是「support-feedback」。

當使用者接受 Agent 的暗示「請問還有其他問題嗎？」，進一步回答「沒有」，就會進入「follow-up Intent」，這個時候的 Contexts 就會再多一個「supportfeedback-no-followup」。

PS.

補充說明 Lifespan

Lifespan,中文翻譯是「壽命」,也就是可以活多久,這裡的數字是可以更改的,直接點一下數字(紅色圈圈)就可以。不過這裡的數字「並非時間」,而是「回合」。回到測試的第一步,請注意 Contexts,這時的 Support-feedback 和 Supportfeedback-followup 已經各出現一次,也就是說,原則上 Support-feedback 剩 4 次,而 Supportfeedback-followup 剩 1 次。

在 Agent 回覆「請問還有其他的問題嗎?」,試著給個「不按牌理出牌」的答案。

因為 Support 沒有 Default Fallback Intent 的設定，再加上是中文版，所以遇到英文就沒有反應（Not available），但是 Contexts 的 Support-feedback 和 Supportfeedback-followup 還在。（此時，Support-feedback 剩 3 次，而 Supportfeedback-followup 的次數用完。）

再 ~~High~~ Hi 一次。Supportfeedback-followup 消失了～

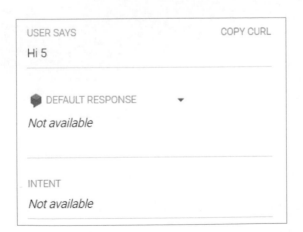

省略測試過程中的 Hi 3（第 3 次）和 Hi 4（第 4 次），到了第 5 次的 Hi，Support-feedback 也不見了～

C. Events

跟「Entity」一樣，Event 也是分成兩種，分別是「Platform Events」跟「Custom Events」，很明顯的，後者是「自訂的 Events」，前者就是 ES 內建的 Events。

Custom Events，中文稱為「自定義的 Events」，可以透過外部 API 或是 Fulfillment 取得對話中的某些訊息。由於需要搭配程式碼說明，就留到 Fulfillment 再一起介紹。

應該會有讀者感到疑惑：為什麼 ES 內建的 Events 不用「System Events」？ 官方的說法是：因為這些 Events 都是由「Platform Integrations」所提供的，所以就稱為「Platform Events」。

最廣為人知的「Platform Events」應該就是「Default Welcome Intent」的「Welcome」Events（每次建立新的 Agent 就會看到）。使用 Platform Events 的方法也很簡單，將滑鼠游標移到 Add event 的位置，點一下就會出現清單。

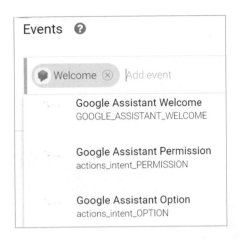

瀏覽這份清單,就會發現裡面的 Google Assistant 占多數,由於 ES 整合 Google Assistant 的功能即將於 2023 年的 6 月 13 日終止,這邊就不再多加介紹。

Conversational Actions will be deprecated on June 13, 2023.

D. Training phrase

Training phrases, 一言以蔽之,就是能夠從使用者給的訊息內容判斷出他想做什麼(符合哪個 Intent)。這項功能有幾點注意事項:

第一,不需要列出所有可能性,因為這樣會失去 Training 的空間,例如:「這很好吃」VS「很好吃」,只需列出其中之一,當 Agent 收到另外一個,就能自己判斷。

第二,每個 Intent 的 user expression 不要太接近,盡可能有識別度,才能降低 Agent 誤判的機率。(讀者可以試試建立兩個不同名稱的 Intent,Training phrases 輸入一樣的 user expression,Respones 的 Text respones 不要一樣,SAVE 後測試,看看會發生什麼事情)

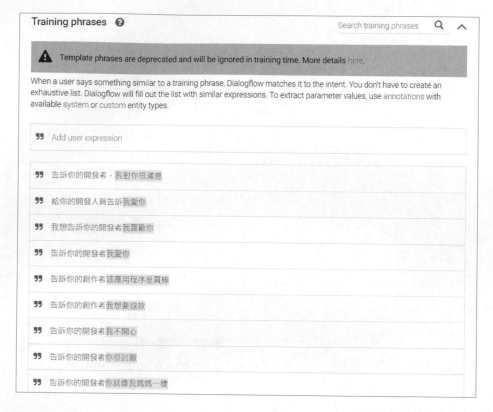

這裡出現一個 warning，這是因為以前的 Training phrases 有「Example mode」和「Template mode」兩種模式，不過目前 Training phrases 都是 Example mode（就是採用 natural language 的方式，並加上註釋）。這邊對於新手來說是沒有影響的，因為現在都是 Example mode

 Template phrases are deprecated and will be ignored in training time. More details here.

這裡 Training phrases 的 expressions 句子中，有部分的字體是有用「顏色」標註的，這些有顏色的字體就是「Entities」。點選被標註的「我愛你」就會跳出 Entities 的視窗。

這個「我愛你」的 Entity 是「@sys.any:message」，將它拆成「@sys.」、「@sys.any」、「message」三個部分來看：

1. 「@sys.」就是「System Entities」，也就是說，這個視窗中提供的預設項目都是 System Entities；

2. 「@sys.any」是「System Entities」的其中一個項目；

3. 「message」是「Action and parameters」的「Parameter name」。

右下的「Create new」就是「新增 Custom Entity」。在 Create new 之前，可以先在 System Entities 清單中找找，找不到預設的可以用再自己建立。

請在旁邊點一下讓 Entity 的視窗消失，就會出現「Parameter name」，這個我愛你的 Entity 是「@sys.any」，Parameter name 是「message」，Resolved value 是「我愛你」。

USER SAYS   COPY CURL

告訴開發人員，為什麼要取消整合Google
Assistance

DEFAULT RESPONSE   ▾
我收到了，請問還有其他的問題嗎？

CONTEXTS   RESET CONTEXTS

support-feedback

supportfeedback-followup

INTENT
support.feedback

ACTION
support.feedback

PARAMETER   VALUE

message   為什么 要 取消 整合 goo
                      gle assistance

這是在 Context 時的測試，當 Agent 從訊息中偵測到 Parameter 的存在時，就會將 Value 放到對應的 Parameter name。因為只有偵測到一個 message，所以只出現一個 Value。（更進階的 Parameter 使用方法，請參閱之後的「Action and Parameter」篇幅。）

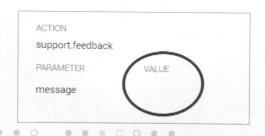

如果讀者測試時，發現 Value 值是空的，也不用太緊張，就到 Training phrases 手動輸入後，再加上 Entity 的設定。

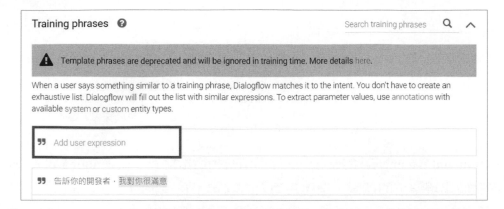

注意事項提到的第 2 點，各個 Intent 的 user expression 不要太接近，但是有時候真的會沒注意到，寫了一樣的該怎麼辦？ES 的「Validation」功能就可以幫助我們在 Agent 上線前抓出這些尷尬的情形（至於 Validation 的設定方式，請參閱筆者在 Validation 的解說）。

圖片說明：

Small Talk 的「smalltalk.greetings.hello」 和「smalltalk.greetings.how_are_you」這兩個 Intents 在 Training phrase 都有用到「嘿」和「嘿嘿」，在「Train」的時候就會偵測到。

E. Action and parameters

ACTION
support.feedback

PARAMETER   VALUE

message   为什么 要 取消 整合 goo
                   gle assistance

（完整圖片請參閱「Contexts」的章節）

Action and parameters 的概念，在之前都有稍微略提到，在 Training phrases 測試時出現空值的狀況，是因為輸入的詞句不在預定的 user expression 裡面，在這種情形下，直接到 Training phrases 手動新增就可以解決問題，但每次都要這麼做，這個機器人也太「兩光」了吧！？

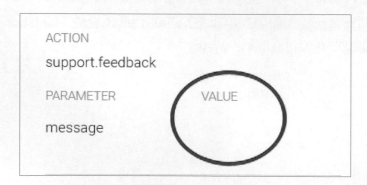

追根究柢，問題是在於沒有將這個 message 的 Parameter 設定成「Required」（必要），導致 Agent 忽略要取值。

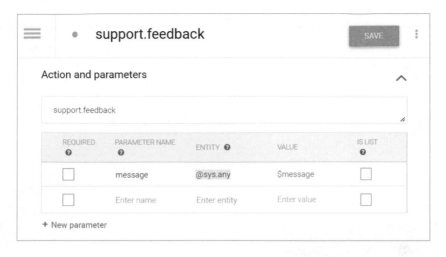

開啟 Action and parameters 頁面，請勾選 message 的「Required 空格」。

接著更改 Prompts 的 Define promps，點進藍色字體，在 Prompts for "message" 底下的「Enter a prompt」輸入文字後，關閉（CLOSE）。

Message 的 Prompts 欄位就會出現剛才輸入的詞句。

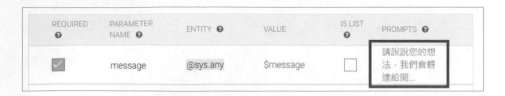

這樣就能解決空值的問題嗎？試試看吧～

當 Agent 偵測到使用者的訊息「開發人員」時，因為這時候 message 的 Value 是空值，就會丟出 Prompts。

ACTION	
support.feedback	
PARAMETER	VALUE
message	

反之，如果 Value 非空值，就不會出現 Prompts（嗯，聽起來有點複雜，等等再來解釋）。先繼續…

在「請說說您的想法，我們會轉達給開發人員」之後輸入的訊息，原則上都會被當成 Value。例外的情形就是使用者送出的訊息符合兩個或兩個以上的「uers expression」時（觀察 Contexts 的值就會發現），此時的 Agent 會自己決定要進入哪個 Intent。（所以注意事項才會提醒大家，不同 Intent 的 uers expression 不要太接近）

這時候回覆 No，就會回到之前 Context 的設定，對話就會結束。使用者的正面意見，置之不理還說得過去；若是抱怨之類的客訴問題，就這樣放著不管，很快就會春風吹又生，一星評價接踵而至，得想個辦法留下使用者的資訊，方便日後聯繫。

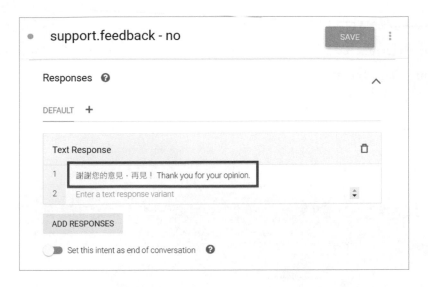

首先,就是要先更改「support.feedback - no」的 Text Response,好讓對話可以繼續。並加上一個「指示」(例如:紅色底線的「我需要進度回報」)給使用者。

回到 Intent,選擇「support.feedback – no - custom」。

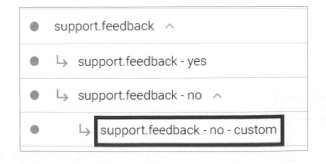

將「我需要進度回報」填入 Training phrases 的 uers expression。（完成後，當使用者回覆「我需要進度回報」時，就會進入「support.feedback – no - custom」這個 Intent）

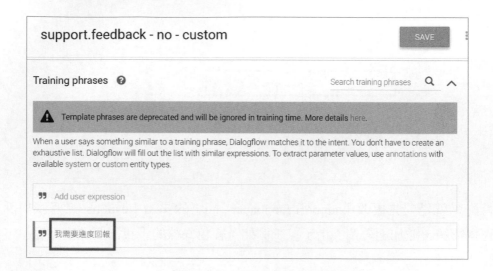

為什麼要讓使用者進入這個 Intent 呢？主要目的就是要跟使用者留下聯絡資料，Action and parameters 這時就派上用場了。

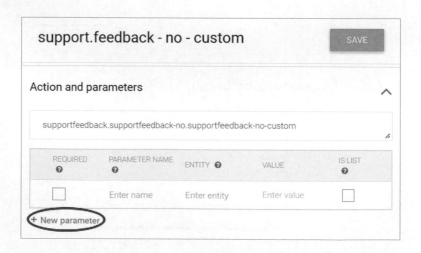

按下「New parameter」增加一個 Parameter，並完成使用者資料的設定。

REQUIRED	PARAMETER NAME	ENTITY	VALUE	IS LIST	PROMPTS
✓	username	@sys.any	$username	☐	請問如何稱呼？[1]
✓	email	@sys.email	$email	☐	email是 ?? [1]

接著就是讓使用者知道對話結束。（可以將原本在「support.feedback – no」的 Text Response，放到這裡）

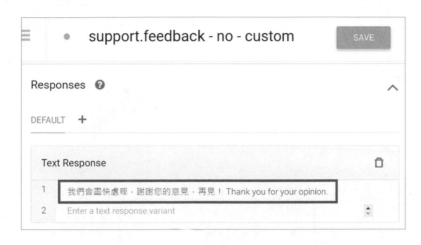

好囉，測試看看效果如何～

之前送出意見時，Agent 會詢問是否還有其他問題？使用者給出「否定的答案」時，就會結束對話（完整圖片請往前翻閱）。更改後，對話就會繼續。

這時的「supportfeedback-no-followup」已經出現在 Contexts 項目，因此 Parameter 也在工作了。但是使用者應該還在狀況外，需要等到送出「我需要進度回報」時，才能繼續下一步。

當使用者送出「我需要進度回報」，Agent 就會先丟出 Username 的 Prompts 「請問如何稱呼？」

由於 username 沒有設限，所以不管輸入什麼都會 Pass。

Agent 在取得 Username 的值後，就會接續丟出 email 的 Prompts.

email 的 Entity 是「@sys.email」，會檢查是否符合 E-mail 的格式。

格式不符時，就會一直跳針重複 Prompts 的問題，直到使用者給出正確格式的答案後，才會送出「我們會盡快處理，謝謝您的意見，再見！ Thank you for your opinion」。

USER SAYS   COPY CURL

543@gmail.com

DEFAULT RESPONSE ▼

我們會盡快處理，謝謝您的意見，再見！
Thank you for your opinion.

CONTEXTS   RESET CONTEXTS

supportfeedback-no-followup

support-feedback

INTENT

support.feedback - no - custom

ACTION

supportfeedback.supportfeedback-
no.supportfeedback-no-custom

PARAMETER	VALUE
email	543@gmail.com
username	咩

到這裡就取得使用者的連絡資訊，不過 Dialogflow 沒有內建的資料庫（測試過這麼多次，有哪一次的測試結果是有存檔的，「都沒有」，對吧！？哈哈，每次測試都是新的開始 XD），那要怎麼辦？「存檔」這問題就是「fulfillment」的責任啦～

F. Responses

前面講解 Intent 的幾個設定項目時，Responses 就已經登場好幾次，因此，這裡就簡單的補充之前沒有提到的。

首先，將滑鼠游標移到 Responses 旁的問號，會顯示簡易的定義說明：「Agent 可以透過文字、說話、影音…等等的回應方式傳達訊息給使用者。」

1.「ADD RESPONSES」提供兩種 Responses 格式：

「Text Response」 和「Custom Payload」。Text Response 就 是 像 預 設
（Default）這樣，只接受純文字格式；Custom Payload 在 CX 時有介紹過，
是 Json 格式的訊息。要注意的就是整合時，如果都使用 Default 的 Custom
Payload 回覆訊息，就會受到限制，可能會發生訊息無法回應的狀況。

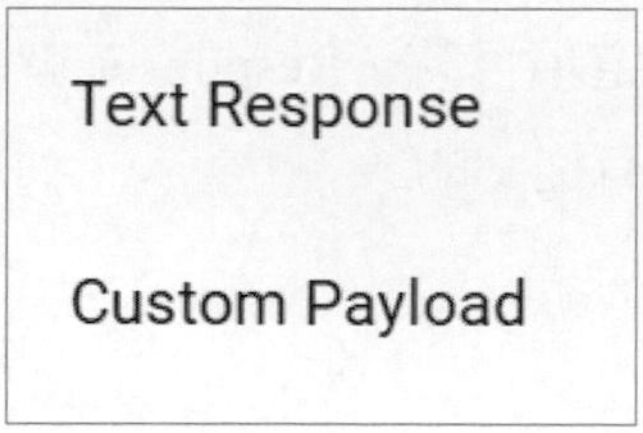

2. 請按下 Default 右邊的＋（綠色圈圈），會出現 Integraion 的清單列表。

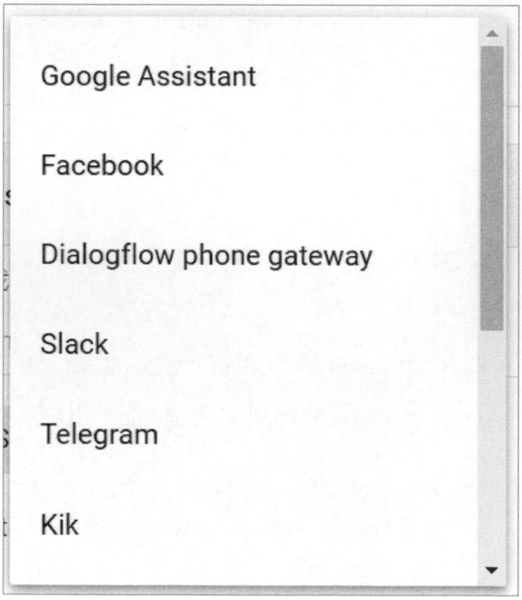

請找到「LINE」

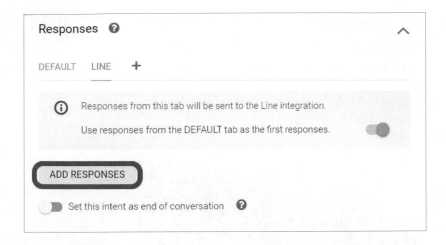

點選「ADD RESPONSES」

如果對於寫 LINE 的 Messaging API 感到害怕的話，也可以考慮用 Dialogflow 代替，不過 Custom Payload 還是得自備程式碼。

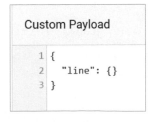

這就是為什麼會說「Default 如果有使用 Custom Payload，整合其他平台時要注意格式問題」，因為 LINE 就是硬生生地多了第 2 行。（筆者深深相信，如果本來就不太會寫 Json 的，在看完 Custom Payload 相關資料後，應該是會直接跳過這一篇 XD）

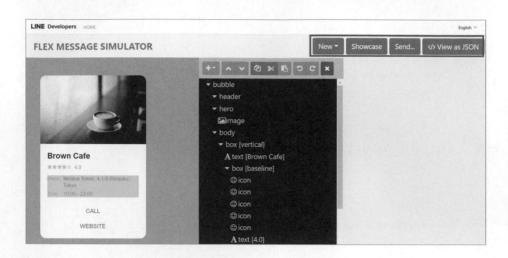

放棄之前，先來看一個好用的工具，LINE 專用的線上訊息模擬網頁「Flex Message Simulator」（使用 Flex Message Simulator 需要先登入 Line 開發者帳號，若是還沒有帳號，請參閱 CX 的 Integration 有關 Line 說明），網頁左邊是結果顯示；中間是工作區；右上方的功能選單分成 New, Showcase, Send message, View as Json，分述如下：

1. New

New 是「建立新檔」的意思，新檔指的是「bubble」和「carousel」。

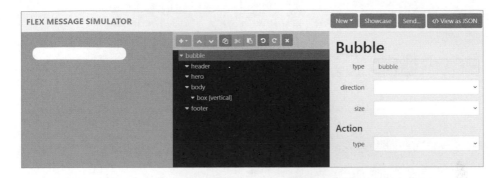

Bubble 是一個訊息；carousel 裡面可以放兩個以上的 Bubble

2. Showcase

自認沒有藝術細胞的話，可以參考 Showcase 的範例（第一個 Restaurant 就是進入 Simulator 看到的預設訊息 Brown Café）。

選擇後，按右下角的「Create」

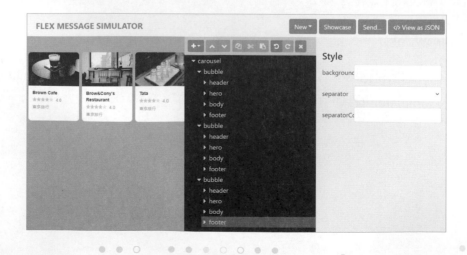

登登～～一個現成的 Carousel 半成品就有了，只要更改圖片連結、商品名稱，再補上必要資訊就大功告成！！

3. Send message

設計好的作品可以透過 Send message 送個 Line 測試訊息，確認實際收到的訊息是否符合自己的需求。（Send message 是新功能，在這項功能還沒上線之前，使用 Simulator 都要再多一個訊息測試的步驟，相當不便。）

使用 Send message 需要先將「Flex Message Simulator 官方帳號」加入好友。選擇（紅色圈圈的地方會變藍色）收測試訊息的帳號後，按 Send

Flex Message Sim 就是 Flex Message Simulator 的官方帳號，很清楚的顯示「This message was sent via Flex Message Simulator.」

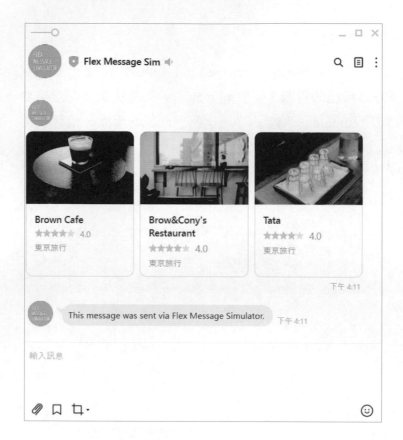

4. View as Json

View as Json 就是我介紹 Flex Message Simulator 的主要原因，設計好自己的作品後，按下 View as Json 就可以拿到 Json 格式的程式碼。

```
{
  "type": "bubble",
  "hero": {
    "type": "image",
    "url": "https://scdn.line-apps.com/n/channel_devcenter/img/fx/01_1_cafe.png",
    "size": "full",
    "aspectRatio": "20:13",
    "aspectMode": "cover",
    "action": {
      "type": "uri",
      "uri": "http://linecorp.com/"
    }
  },
  "body": {
    "type": "box",
    "layout": "vertical",
    "contents": [
      {
        "type": "text",
        "text": "Brown Cafe",
        "weight": "bold",
        "size": "xl"
      },
      {
        "type": "box",
        "layout": "baseline",
        "margin": "md"
```

JSON spec

[Copy]　[Close]　[Apply]

按下 Copy，貼到 Line 的 Custom Payload，記得要貼在第 2 行的括號裡面（灰色陰影的地方）

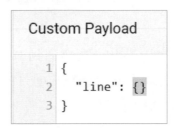

至於要如何找到 Flex Message Simulator ？可以用 Google 搜尋，或在 Line Developer Console 搜尋，都是可以的。

最後再分享一個 ES 的 Text to speech 功能。

進到「設定」頁面，選擇 Speech，打開「Enable Automatic Text to Speech」前面的開關，記得要按下 SAVE。

跟「Try it now」打個招呼吧，送出訊息會看到 DEFAULT RESPONSE 的下方除了「文字」（歡迎歸來）外，還會有「OUTPUT AUDIO」。按下撥放鍵就會用語音的方式說出「歡迎歸來」。

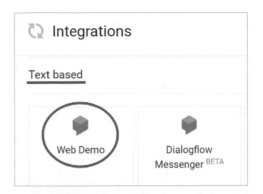

實際看一下使用者會看到的畫面，開啟 integration 的「Web Demo」（在 Text based 區）。

當使用者按下紅色圈圈內的 icon 時，Agent 就會用語音的方式說出「嘿！好久不見！」

2-4-3-9 Fulfillment

A. 概念

在 CX，Fulfillment 是 Intent 裡面的一個基本設定，到了 ES 就獨立成一個功能。ES 的 Fulfillment 位置很好找，就位在 Console 左邊的功能清單選項裡面。進到 ES 的 Fulfillment 頁面，有提供 Webhook 跟 Inline Editor 兩種方式。

跟 CX 比起來，ES 的 Webhook 使用方式就單純很多，到 Fulfillment 的設定頁面開啟 Webhook 或是 Inline Editor 功能後，再分別開啟「有關係的」Intent 的 Fulfillment 就大功告成。

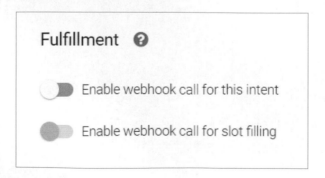

要特別注意的是，Fulfillment 的 Webhook 跟 Inline Editor 是無法同時使用的。在開啟 Webhook 時，如果不小心按到 Inline Editor 的開關，就會跳出警告視窗，反之，亦同。

Enabling a custom webhook

If you enable a custom webhook, fulfillment via your Cloud Function will be disabled. Would you like to continue?

NO　　　YES

YES 會開啟新的設定，NO 則是保持原狀不變。

B. Inline editor 功能簡介

Inline edior，顧名思義，就是「線上編輯」，為什麼會有這項設計？其中一個理由就是，相對於 CX，ES 算是小型專案，即便是有需要用到 Webhook，大多時候也都是幾個基本功能，甚至是幾行程式碼就可以完成的工作，例如：先前提到的意見表，並未牽涉到付款系統，甚至也不用登入會員系統，這種情形，只需要在 inline editor 敲敲打打就能處理好。

當然，Google 也想藉由 inline editor 增加 Cloud Function 的使用者，因為其他雲端平台的類似服務也做得不錯，例如：Amazon 的 Lambda Function（這部分會在 Webhook 再補充）。

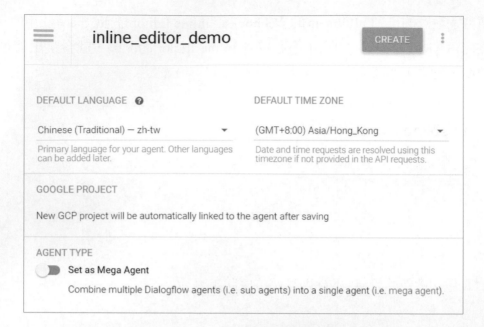

為了能更清楚了解 Inline edior 有多方便，這裡會用一個全新的 Agent 來講解

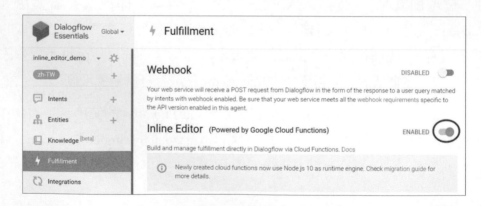

建立後，到 Fulfillment 打開 Inline edior 右邊的「開關」（要顯示「Enable」）

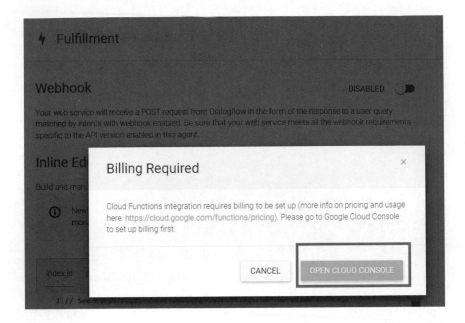

由於 Inline edior 是 Google Cloud Functions 提供的技術，所以要先到 GCP 完成「綁定帳單帳號」的設定。

選擇「帳單帳戶」後,按下「設定帳戶」(新建立的 GCP 帳號基本上都會有一個「我的帳單帳戶」可以使用)

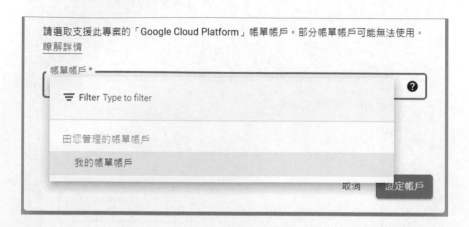

新建立的 GCP 帳號會提供三個月的免費額度,也可以折抵 Google Cloud Function 的使用費用。完成後會停留在「帳單」頁面,學習期間可以多觀察帳單數字的變化,就能預估未來上線後雲端服務的整體費用。

按照指示完成設定 Google Cloud Functions 帳單的步驟,請回到 Dialogflow Console

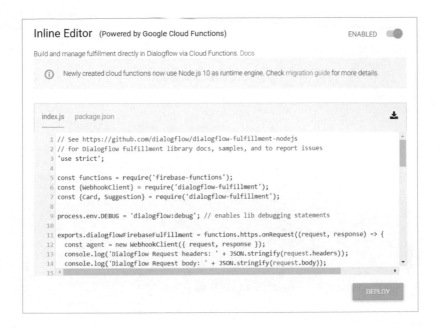

看到一堆密密麻麻的 Code 別緊張，先按下「DEPLOY」。等待 DEPLOY 執行完畢，底下會多出「Last deployed on 時間」。

之前在 Intent 時有說過，Fulfillment 有兩個步驟，第一就是開啟 Fulfillment 的 Webhook 或是 Inline Editor 設定，再來就是要將 Intent 底下的 Fulfillment 也打開。這次就先開啟「Default Welcome Intent」就好，記得要按下「SAVE」！！！

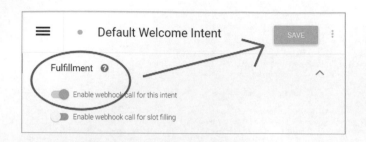

接著測試（Try it now），看看會有什麼變化

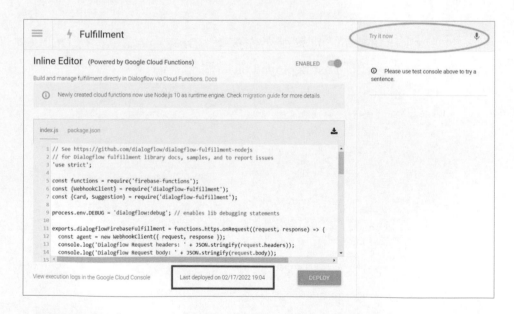

這次預設的 Welcome 就變成了英文的「Welcome to my agent!」。由於這次的 Agent 是 zh-tw 版本，在還沒有更改其他設定的前提下，預設的 Welcome 回應都應該會是「中文」，那這句英文又是從哪裡蹦出來的！？

在左邊 index.js 檔案的第 17 行就可以看到「Welcome to my agent!」的存在，也就是說，是因為有開啟 inline editor，當遇到相同的 Intent，ES 會以 inline editor 的設定為優先考量。

C. Inline editor 操作說明

Inline edior 語法簡介

Google Cloud Functions 提供好幾種程式語言的環境，例如：常見的 python、歷史悠久的 Java…等等，而 inline editor 這種，稱之為「Node.js」。

> **溫馨小提醒**
>
> 程式語言並非本書的重點，筆者僅就重點部分稍加解說，有鑑於 Node.js 博大精深，目前的版本也有好幾種，感興趣的讀者可以再自行尋找其他專業書籍（或是爬網文）進修呦～

index.js   package.json

```
1  // See https://github.com/dialogflow/dialogflow-fulfillment-nodejs
2  // for Dialogflow fulfillment library docs, samples, and to report issues
```

先從 index.js 說起，凡是前面有加上 // 的，表示這一行只是「註解
(comment)」，並不是程式碼，是不會發生作用的，例如：第 1 和第 2 行。
讀者可以從右上的 icon（綠色圈圈）下載程式碼，或是將 index.js 的全部內
容複製到自己慣用的編輯軟體後，將前面有 // 的註解都先刪除，就會得到
下方簡潔的 code。

▶ 溫馨小提醒

建議 inline editor 維持原始檔案，程式碼修改完成再貼上來 Deploy。

```
1
2    'use strict';
3
4    const functions = require('firebase-functions');
5    const {WebhookClient} = require('dialogflow-fulfillment');
6    const {Card, Suggestion} = require('dialogflow-fulfillment');
7
8    process.env.DEBUG = 'dialogflow:debug';
9
10   exports.dialogflowFirebaseFulfillment = functions.https.onRequest((request, response) =>
11   {
12     const agent = new WebhookClient({ request, response });
13     console.log('Dialogflow Request headers: ' + JSON.stringify(request.headers));
14     console.log('Dialogflow Request body: ' + JSON.stringify(request.body));
15
16     function welcome(agent) {
17       agent.add(`Welcome to my agent!`);
18     }
19
20     function fallback(agent) {
21       agent.add(`I didn't understand`);
22       agent.add(`I'm sorry, can you try again?`);
23     }
24
25     let intentMap = new Map();
26     intentMap.set('Default Welcome Intent', welcome);
27     intentMap.set('Default Fallback Intent', fallback);
28
29     agent.handleRequest(intentMap);
30   });
31
```

實際上在作用的，就只有這幾行，繼續再來抽絲剝繭。就先來說說「Welcome to my agent!」吧～

```
function welcome(agent) {
  agent.add(`Welcome to my agent!`);
}
```

測試的時候，只有約略提到 Welcome to my agent! 是在 index.js 裡面。現在再將另一個預設的 Intent 也刪掉，只留下 Default Welcome Intent 相關的。

```
15
16    function welcome(agent) {
17      agent.add(`Welcome to my agent!`);
18    }
19
20    let intentMap = new Map();
21    intentMap.set('Default Welcome Intent', welcome);
22
23    agent.handleRequest(intentMap);
24  });
25
```

只有 5 行！？是的～只要先弄懂這 5 行，待會兒就能將自己新增的 Custom Intent 寫到這裡

至於第 16 行到第 23 行的內容是在做什麼？打個比方說吧，類似於「求籤」的過程，舉個生活化的例子說明：

小美年過 35，轉眼間農曆新年將至，心想：「今年若是又形單影隻的，回家免不了又是親戚的冷嘲熱諷，心想是否該在蝦皮徵個春節男友？」小美心中猶豫不決，就到某間香火鼎盛的月老廟求籤，小美抽出了一支籤後，順利擲出了三個聖杯（第 23 行的「intentMap」），就依照這支籤上給的籤號（Default Welcome Intent）找到了她的籤詩（welcome），找籤的過程就是第 21 行的「intentMap.set」在做的事情，當然，月老在籤詩紙上給的指示就是「Welcome to my agent!」啦～

```
16    function welcome(agent) {
17      agent.add(`Welcome to my agent!`);
18    }
19
20    function welcome(agent) {
21      agent.add(`Welcome to my agent!`);
22    }
23
24    Let intentMap = new Map();
25    intentMap.set('Default Welcome Intent', welcome);
26    intentMap.set('Default Welcome Intent', welcome);
27
28    agent.handleRequest(intentMap);
29  });
30
```

正式練習之前，先來牛刀小試一下，請分別新增一個（複製貼上即可），

```
16    function welcome(agent) {
17      agent.add(`Welcome to my agent!`);
18    }
19
20 ▼  function cast_moon_blocks(agent) {
21
22      agent.add(`心誠則靈!`);
23    }
24
25    Let intentMap = new Map();
26    intentMap.set('Default Welcome Intent', welcome);
27    intentMap.set('cast moon blocks', cast_moon_blocks);
28
29    agent.handleRequest(intentMap);
30  });
31
```

更改 function 名稱，第 27 行的也要一樣，並增加籤詩內容「心誠則靈」。
接著就是要回到 Console 的 Intent 生出一個 'cast moon blocks' 的 Custom Intent.

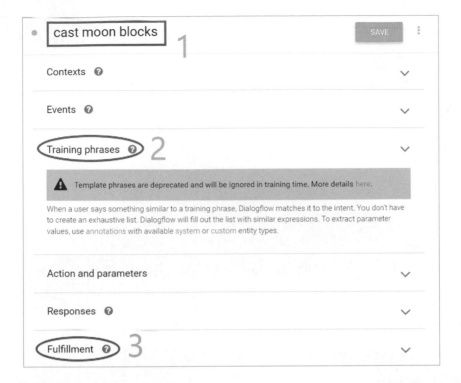

只需要設定 Intent 名稱、增加一個 Training phrases（user expression 不能與 Default Welcome Intent 的太接近），以及開啟 Fulfillment 功能。

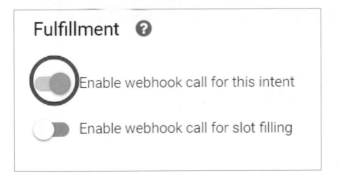

現在就可以回到 inline editor，再次按下 Deploy。Deploy 成功後，測試吧～

USER SAYS
請問

◆ DEFAULT RESPONSE ▼
心誠則靈!

INTENT
cast moon blocks

「請問」是這個 Intent 的 User expression，Agent 偵測到就回覆「cast_moon_blocks function 的值（心誠則靈）」

到這裡應該都還 OK 吧！？接下來，就要學習怎麼用 inline editor 接收使用者訊息（其實就是 Dialogflow 沒有的存檔功能啦！！）

▶ 溫馨小提醒

請將新增的程式碼加入「原先的 inline editor」後 Deploy 喔！！如果只貼上這幾行，inline editor 應該是不會想理你的（Deploy 應該會不給過 XD）

D. sheetDB

Sheet

ES 適用小型專案，inline editor 更適合。為配合小型專案，這次練習就用 Spreadsheeps 表單（Google 的雲端試算表）當成資料庫。

Google 首頁的右上方會有這4個icons，在Google 產品選單裡面（紅色圈圈）可以找到「試算表」，如果沒看到試算表，選擇「雲端硬碟」也是可以的。

選擇試算表後，就會直接開啟 Google 雲端硬碟的試算表。請按右下方的＋建立新的試算表

這就是「Google 雲端硬碟的試算表」，建立時就已經儲存在雲端硬碟，在編輯過程中也會自動儲存，不用擔心忘記存檔就關機的問題。

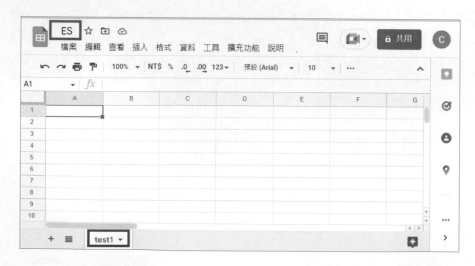

請更改「試算表的檔案名稱」，還有「工作表」名稱。（不改也是可以用啦，只是將來檔案一多，就會看到每個試算表名稱都是「未命名的試算表」，徒增維護工作的困擾。）

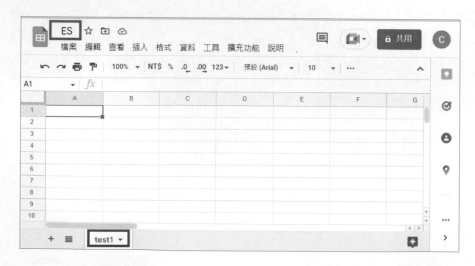

稍後要將 Agent 收到的使用者訊息，存放在試算表，先開放編輯權限，點選右上方綠色的「共用」

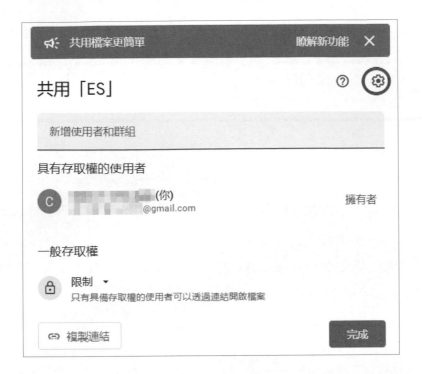

預設是只有「自己」才有存取權，可以直接在「新增使用者和群組」欄位增加具有存取權的使用者。若是使用者不特定，可以透過「一般存取權」的方式新增。新增前，到「設定」（紅色圈圈）了解權限的種類。

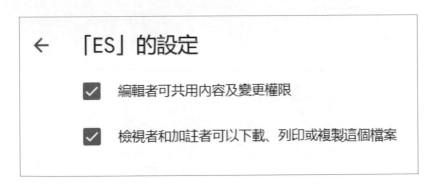

儲存資料需要編輯者的權限，請選擇「編輯者」，並將分享方式改為「知道連結的任何人」。「複製連結」後，再按下「完成」

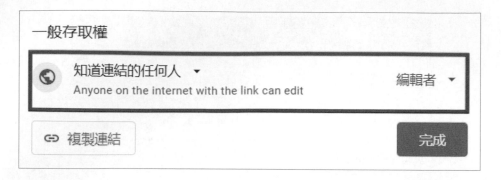

到這裡，就完成試算表的準備工作，那要怎麼將 ES 收到的訊息傳到試算表呢？

這個重責大任就交給「sheetdb.io」吧～（透過 sheetdb.io 產生一個「試算表的 API」）

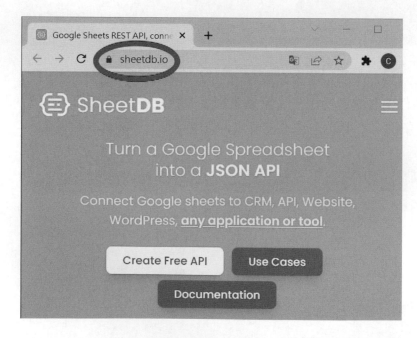

Sheetdb.io 的首頁有提供一些參考資料，例如：可以透過 GET, POST, PUT, 以及 DELETE 的指令使用 JSON API

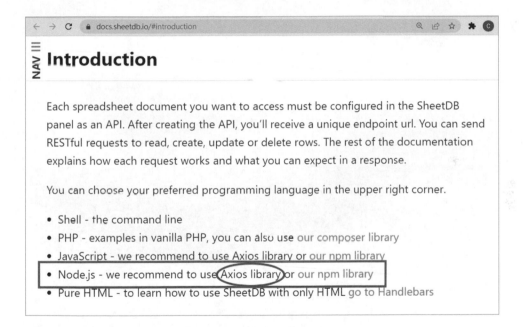

Documentation 是官方文件的連結

針對 Node.js 有提供 Axios library。（想深入研究 Axios library 的話，可以到 Axios 官網做進一步的學習呦～）

Sheetdb 的官方資料中有提供多種程式語言的示範寫法，相當方便。

```
const sheetdb = require("sheetdb-node");
const client = sheetdb({ address: '58f61be4dda40' });

// Read whole spreadsheet
client.read().then(function(data) {
    console.log(data);
}, function(error){
    console.log(error);
});

// Read first two rows from sheet "Sheet2"
client.read({ limit: 2, sheet: "Sheet2" }).then(function(data) {
  console.log(data);
}, function(err){
  console.log(err);
});
```

SheetDB 的相關介紹就先到這裡。請回到首頁，按下右方紫色的「Log In Using Google Account」

選擇 Google 帳號。

授權 SheetDB 存取權限

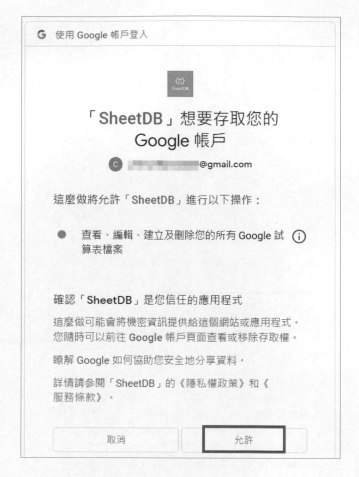

請按下「允許」，同意 SheetDB 存取資料。（由於是自己的帳號，不用擔心資安問題，若是有遇到來路不明的 SheetDB 使用者發出的請求，就要小心）

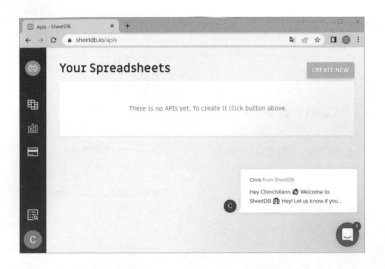

允許後就會出現 SheetDB 的 Console，建立 API 請按右上綠色的「CREATE NEW」。

右下的 icon 是一個真人客服，有問題也可以請教他們。

舒安表示：Away ？？看來是下班了～

在 Google 試算表時，有「複製連結」，將這個連結貼到 Google Spreadsheet URL 的空白欄位內，並按下綠色的「CREATE API」

由於試算表內沒有任何資料，連欄位名稱都沒有，SheetDB 就出現「Your spreadsheet seems empty」，可以在 Column names 先輸入欄位名稱，或是選擇「I Will DO IT MANUALLY」關閉視窗。

先輸入一個欄位名稱「message」，按下綠色的「ADD COLUMN NAMES」。開啟 Google 試算表查看，會看到 A1 欄位多了一個 message。

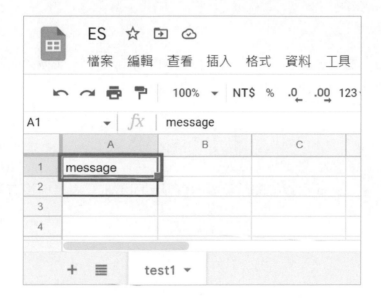

回到 SheetDB，一個 API 出現了！！

試算表的「檔案名稱」就會自動變成「API NAME」，後方會有一個 API 的 ID。底下的兩個連結分別是「試算表」和「試算表的 API」。

紅色圈圈內的 icon 可以檢閱試算表的資料。因為試算表目前沒有資料，所以出現「空值」。

在試算表手動新增一筆資料

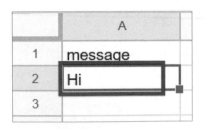

重新整理剛才的網頁，這次就會有資料可以顯示。

還有一點就是，帳單預設是免費的，如果覺得好用，可以到帳單裡面升級付費方案。

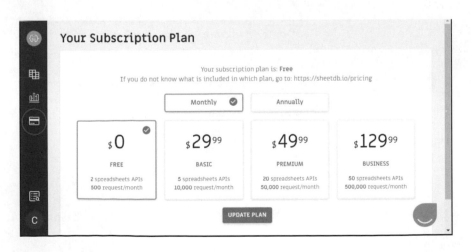

SheetDB 的部分就先到這。取得「試算表的 API」連結後，就要繼續 inline editor 的工作。

E. 將使用者的訊息儲存到雲端硬碟

準備工作都完成，回來 inline editor 繼續編輯

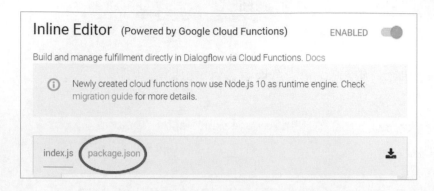

選擇「package.json」，在「dependencies」裡面加入「"axios": "^ 0.27.2"」

（意思是要用到 Axios 這個套件）

```
10      },
11      "scripts": {
12        "start": "firebase serve --only functi
13        "deploy": "firebase deploy --only fun
14      },
15      "dependencies": {
16        "actions-on-google": "^2.2.0",
17        "firebase-admin": "^5.13.1",
18        "firebase-functions": "^2.0.2",
19        "dialogflow": "^0.6.0",
20        "dialogflow-fulfillment": "^0.5.0",
21        "axios": "^0.27.2"
22      }
```

接著請在「Index.js」適當的位置加入「const axios = require('axios');」（意思是加入 Axios Libery）

```
index.js    package.json

 1
 2  'use strict';
 3
 4  const functions = require('firebase-functions');
 5  const {WebhookClient} = require('dialogflow-fulfillment');
 6  const {Card, Suggestion} = require('dialogflow-fulfillment');
 7  const axios = require('axios');
 8
 9  process.env.DEBUG = 'dialogflow:debug'; // enables lib debugging statements
```

在適當的位置新增一個儲存資料的 function（參考綠色 1）。再來就是將儲存資料的 function 加入 cast_moon_blocks 這個 function 裡面（參考紅色 2）。這樣一來，Agent 收到訊息時，就會將訊息存到試算表。

```
function cast_moon_blocks(agent) {
    return new Promise((resolve, reject) => {
      saveData();
    });
}

function saveData() {}                1       2
```

完成 saveData 的部分，請在大括號內加入以下內容：

```
function saveData() {
    const msg = request.body.queryResult.queryText;
    axios.post(`https://sheetdb.io/api/v1/              `, {
        "data": {
            "message": msg,
            "time": new Date()
            }
        });
}
```

簡單說明這幾行的意思

```
const msg = request.body.queryResult.queryText;
```

將使用者送出的訊息設定為一個變數 msg。

```
axios.post(`試算表的API`, {"data":{}});
```

透過 axios 的 post 指令，將資料寫入「指定的試算表」。（要存檔的資料放在 data 後方的大括號內）

```
"data": {
    "message": msg
    }
```

因為試算表只有一個 message 的欄位，所以基本上只要加上一行「"message": msg」就可以。

```
"data": {
    "message": msg,
    "time": new Date()
    }
```

筆者習慣加上時間（另類的「打卡」XD）。記得試算表的欄位也要增加一個「time」。

	A	B
1	message	time
2	Hi	
3		

以上步驟都完成後，就可以 Deploy。接著就測試，登登～～

	A	B	C
	message	time	
	Hi		
	請問	2022-07-21T14:20:13.528Z	

到這裡還沒結束喔！！別忘了還有 Support 的意見表要處理，先打開 Support 的 Inline Editor 功能，完成 GCP 的帳單綁定後，直接複製這裡的程式碼貼到 index.js，並在 package.json 的 dependencies 裡面增加 axios 相依套件。（就當作複習，熟能生巧。）

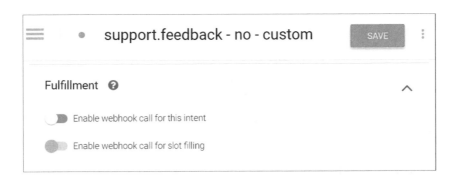

到 Intent 頁面開啟 Fulfillment 功能，順便修改 Intent 名稱，存檔「SAVE」。（修改 Intent 名稱是為了避免 inline editor 發生不必要的失誤）

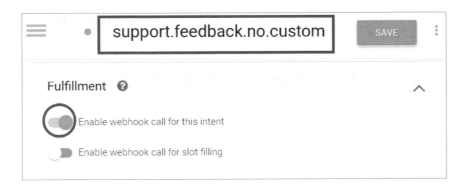

複製 Intent 名稱後，回到 inline editor，將 intentMap.set() 裡面的 Intent 換成「support.feedback.no.custom」

```
intentMap.set('support.feedback.no.custom', cast_moon_blocks);
//intentMap.set('cast moon blocks', cast_moon_blocks);
```

刪除原先的變數 msg 後，再增加 username 和 email 兩個變數

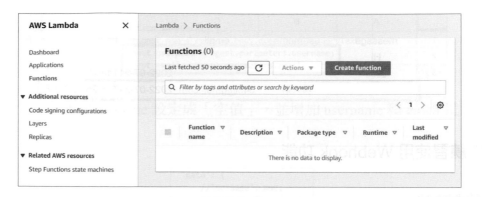

登入 AWS，進到 AWS Lambda Console，按下橘色的「Create function」

選擇第一個「Author from scratch」。（看不懂英文嗎？自動翻譯 XD）

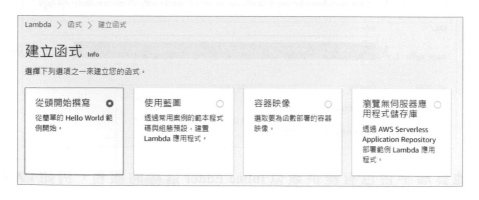

Basic information 只要「自訂 Fuction name」，其他保留預設值。

Permissions 在 Change default execution role 裡面的 Execution role 設定是第一項「Create a new role with basic Lambda permissions」

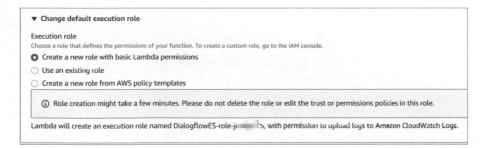

開啟 Advanced settings 的 Enable function URL，這個 URL 就是我們需要的 Dialogflow Webhook

正式上線運作建議選擇 AWS_IAM（獲得授權才能使用 Function）。為了練習的方便，就先選「NONE」。（None 的意思是 function 會公開給每個人使用，AWS 會建立一個 policy statement，爾後若要增加 function 的限制，可以編輯這個 policy statement）

完成以上步驟，按下「Create function」

這樣就做出一個 AWS Lambda 了

DialogflowES 是自訂的 AWS Lambda 名稱，Dialogflow 需要的 Webhook 就
是 Function URL（紅色框線）。點一下這個 URL

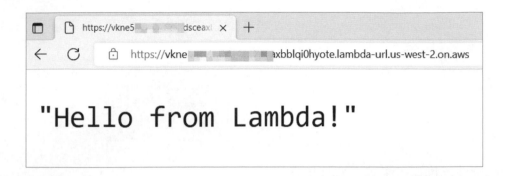

預設值是「Hello from Lambda」，回到 AWS Lambda Console 查看這句問
候語是從哪裡跑出來的

剛才有提到 AWS Lambda 跟 Inline Editor 的服務很類似，兩者都可以直
接在線上編輯。Code source 的 index.js 會看到第 5 行有個「Hello from
Lambda!」，剛才在 Function URL 看到的顯示文字就是從這裡發出去的。

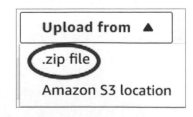

現在要將 Inline Editor 的程式碼搬過來，請點選「Upload from」，選項中有個 zip 檔案，回到 Dialogflow 下載 zip 檔案吧（紅色圈圈內的 icon）

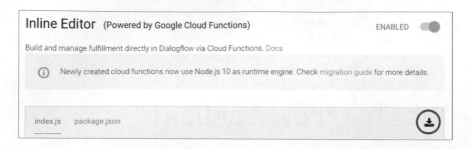

開啟檔案位置，複製「位置連結」

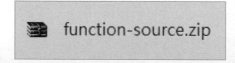

按下 Upload 後貼上 zip 檔案的位置連結。（將 Dialogflow 的 function-source.zip 上傳到 AWS Lambda）

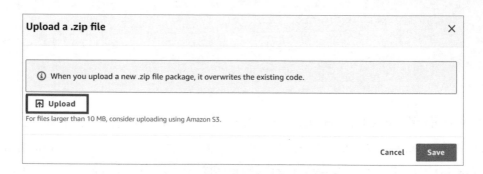

上傳成功，檔案名稱會出現在 Upload 的右邊，這時候才可以按 Save

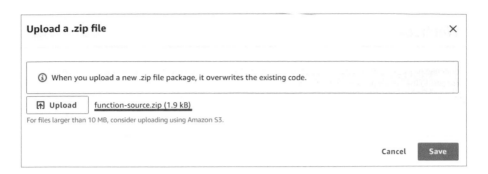

接著就會看到 inline editor 的內容，原封不動地出現在這裡。（而且也完成 Deploy 的步驟，開心！！）

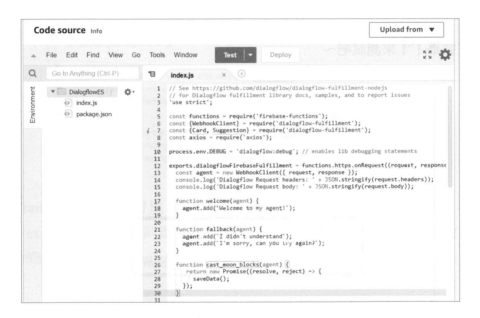

萬事俱備，就差最後一步，將 AWS Lambda 的 Function URL 貼到 Dialogflow 的 Webhook URL 欄位。（其他設定先不變）

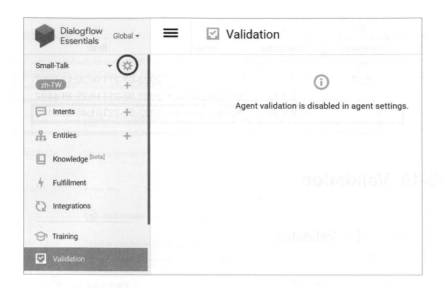

進到 Settings 後，上方的書籤列第三項「ML Settings」就是設定 Validation 的地方。

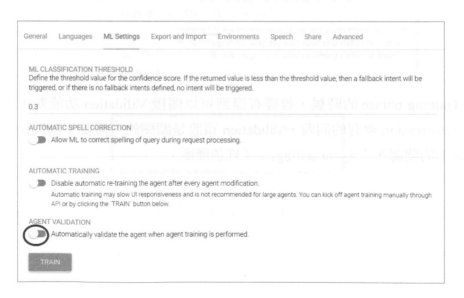

點選「AGENT VALIDATION」前方的 Switch icon 後，就可以在每次 Training 後看到結果。順便也看一下 ML Settings 的其他設定：

1. ML CLASSIFICATION THRESHOLD：0.3

Dialogflow 在比對 User expression 時，會優先回覆 Confidence score 分數高的，而　Agent 若是沒有找到適合的，Confidence score 的值就會是 0.0（通常就是 Default Fallback Intent）。ML CLASSIFICATION THRESHOLD 的值是可以自己調整的，希望 Agent 嚴謹一點，就調高一點；低於設定值時，就會進入 Default Fallback Intent（如果有設定的話）；如果沒有設定 Default Fallback Intent，就不會有回應，就像圖片一樣

2. AUTOMATIC SPELL CORRECTION：自動檢查拼字

3. AUTOMATIC TRAINING：

自動訓練，也可以用手動（自己按底下的藍色 TRAIN）。雖然 ES 比較適合小型專案，但在 CX 出現之前，開發者根本沒有別的選擇，只要 ES 還能跑能跳（？），專案就不知不覺的愈做愈大。在這種情形下，ES 就建議「不要」開啟 AUTOMATIC TRAINING，改為「手動 TRAIN」（因為大型專案在 Auto Train 時，很容易就會導致 UI 卡住）。

CX 的情形也差不多，在「Advanced NLU」的模式下，就不建議開啟 Auto Train.

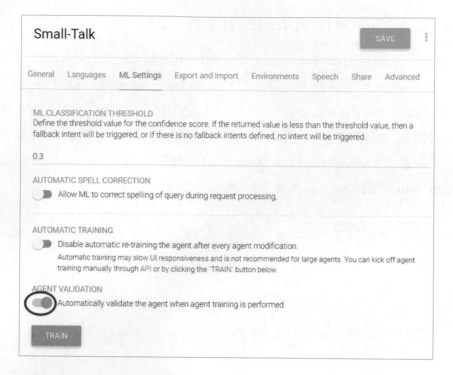

SAVE 後，回到 Validation 頁面

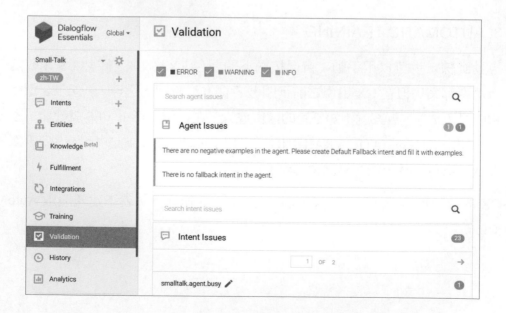

這時的 Validation 就會有資料，依據程度分成 Error（紅色），Warning（黃色），Info（藍色）三種，從較安全的藍色開始說起：

1. Info（藍色）：There is no fallback intent in the agent.

2. Warning（黃色）：

   Agent Issues 除了藍色的 info，還有一個黃的 Warning，也是針對 fallback intent 的問題。由於 Small Talk 沒有加入「Default fallback intent」，也沒有設定 negative examples 的處理方式，實際上線時會導致所有低於 Confidence score 預設值的情形都變成「沒有回應」。還有之前提到兩個不同的 Intent 使用相同的 User expression，嚴重程度也是黃燈。

3. Error（紅色）：

   前面兩者，通常都是「建議」，放著不管也不會影響 Agent 的運作，但是 Error 出現就要小心，在這裡就先將錯誤排除，避免上線後造成更大的損失。

2-4-3-11 Publish

剛完成的 Knowledge Bases 跟即時通訊做整合，最後的測試結果也是有模有樣，通常沒什麼大問題的話，就可以直接上線了。跟 CX 一樣，ES 的草稿版本也是可以對外使用，不過最好還是發佈一個新版本，方便專案的維護及管理。

這次要練習的是：發佈一個新版本跟 telegram 整合。

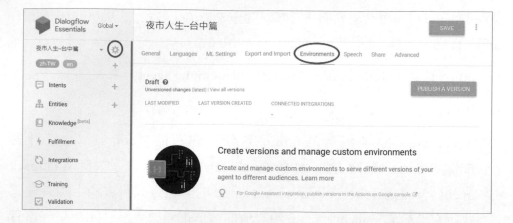

進到 Setting 頁面後，選擇「Environments」，可以看到目前在使用的是
「Draft」（草稿版本）。右邊有個藍色的「PUBLISH A VERSION」，就是
用來發佈新版本。

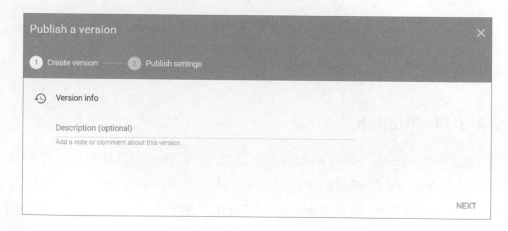

Version info 可以留白不填，直接按「NEXT」（右下角）進到下一步。

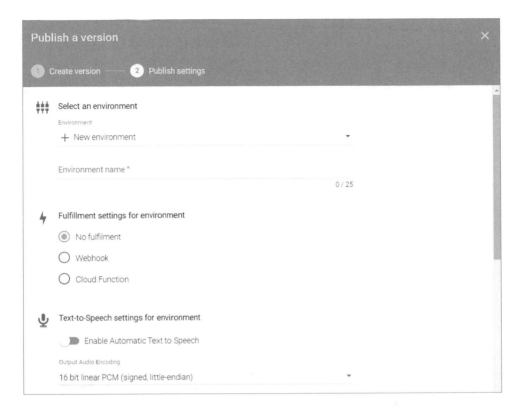

完成以下的選項：

1. Select an environment: 請在底下的「Environment name」取個自訂名稱。

2. Fulfillment settings for environment: 專案是否有開啟 Webhook，或是使用 Cloud Function；都沒有的話，請選「No fulfillment」

3. Text-to-Speech settings for environment: Text-to-Speech 就是文字轉語音，會用到這項功能的話，請開啟底下的「Enable Automatic Text to Speech」。

送出「/start」，會收到建立 telegram bot 的相關指令。

/newbot: 建立機器人

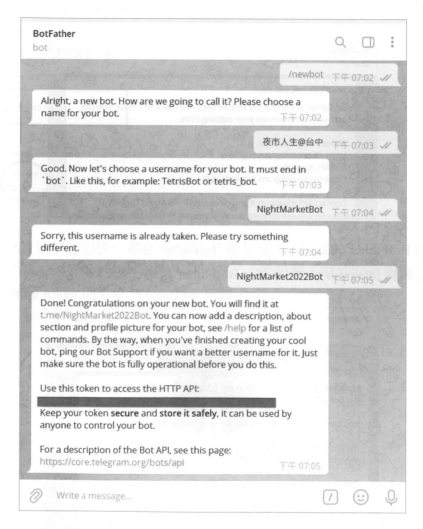

請複製圖片中紅色線條的 token，貼到「Telegram Token」

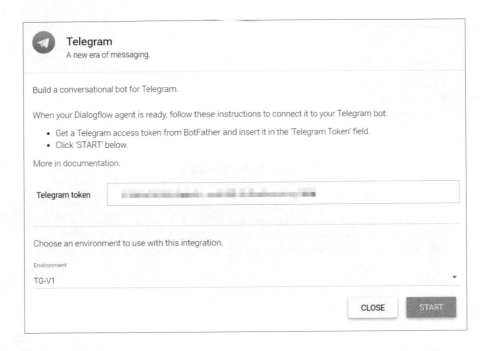

按下「START」

這時候，請回到 TG 開啟 Bot（下圖的紅色箭頭）

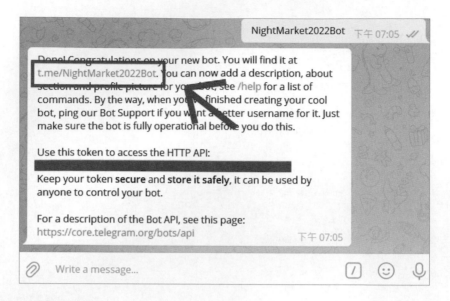

請按底下的「START」

/start 開始對話

到這裡，一個 Dialogflow 的 Telegram Bot 就完成囉！

Google 的部分，就在 ES 這裡先告一段落，接下來就來看看雲端龍頭 Amazon 在 AI Chatbot 有哪些好用的服務。

03

Amazon

完成註冊

前往 AWS 管理主控台（選擇 Root user 登入）

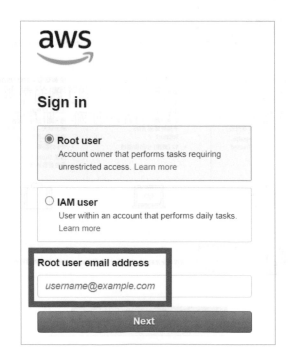

登入後，就會進入「AWS Console Home」（AWS 管理主控台）

3-1-3　建立 IAM 使用者帳號

為什麼要建立 IAM 使用者？

已經建立的 AWS 帳號，是帳戶擁有者，屬於「Root user」，可以完整存取帳戶中的所有資源，包括「刪除資料」及「關閉帳戶」。團隊工作中，並非每個人都是「專業人員」，難免會有操作失誤的意外，此時建立具有管理員許可的「 IAM 使用者」，依照團隊分配的工作設定權限給其他成員，讓其他成員用「 IAM 使用者」的身分登入，或許會比較適合。

→ Step1. 啟用 IAM 存取權

請先以 Root 帳號登入，登入後點選右上方的帳戶名稱（如下圖的 username），底下的清單列會有「Account」

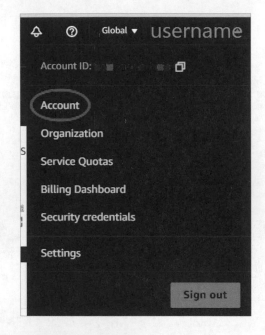

進入 Account 頁面後，請找到「IAM 使用者和角色存取的帳單資訊」（如下圖）

▼IAM 使用者和角色存取的帳單資訊

使用 **啟用 IAM 存取** 設定來允許 IAM 使用者和角色存取帳單和成本管理主控台的頁面。此設定不會單獨授與 IAM 使用者和角色這些主控台頁面的必要許可。除了啟用 IAM 存取外，您還必須將所需的 IAM 政策連接至這些使用者或角色。如需詳細資訊，請參閱 授與對帳單資訊和工具的存取權。

如果停用此設定，則此帳戶中的 IAM 使用者和角色無法存取帳單和成本管理主控台頁面，即使他們具有管理員存取權或所需的 IAM 政策。

啟用 IAM 存取 設定不會控制存取：

- AWS 成本異常偵測、Savings Plans 概觀、Savings Plans 庫存、購買 Savings Plans 和 Savings Plan 購物車的主控台頁面
- AWS Console Mobile Application 中的成本管理視圖
- 帳單和成本管理軟體開發套件 API (AWS Cost Explorer、AWS Budgets 及 AWS Cost and Usage Report API)
- 成本與用量報告主控台頁面上的客戶碳足跡工具

IAM 使用者/角色存取帳單資訊已停用。

進入「編輯」頁面，勾選「啟用 IAM 存取」後，按下「更新」。

▼IAM 使用者和角色存取的帳單資訊

使用 **啟用 IAM 存取** 設定來允許 IAM 使用者和角色存取帳單和成本管理主控台的頁面。此設定不會單獨授與 IAM 使用者和角色這些主控台頁面的必要許可。除了啟用 IAM 存取外,您還必須將所需的 IAM 政策連接至這些使用者或角色。如需詳細資訊,請參閱 授與對帳單資訊和工具的存取權。

如果停用此設定,則此帳戶中的 IAM 使用者和角色無法存取帳單和成本管理主控台頁面,即使他們具有管理員存取權或所需的 IAM 政策。

啟用 IAM 存取 設定不會控制存取:

- AWS 成本異常偵測、Savings Plans 概觀、Savings Plans 庫存、購買 Savings Plans 和 Savings Plan 購物車的主控台頁面
- AWS Console Mobile Application 中的成本管理視圖
- 帳單和成本管理軟體開發套件 API (AWS Cost Explorer、AWS Budgets 及 AWS Cost and Usage Report API)
- 成本與用量報告主控台頁面上的客戶碳足跡工具

☐ 啟用 IAM 存取

更新   取消

啟用後會出現「已啟用」的通知

IAM 使用者/角色存取帳單資訊已啟用。

➔ Step2. 新增 IAM 使用者

進入 AWS 的 IAM console(在 AWS 搜尋 IAM 就會出現)

點開左邊功能列的「存取管理」，找到「使用者」

開啟「使用者」設定頁面，點選頁面最右邊藍色的「新增使用者」

第一步：設定使用者詳細資訊

請自訂使用者名稱，以及選取 AWS 憑證類型。（如果是使用 Console 新增
使用者的話，請選擇「密碼－ AWS 管理主控台存取」）

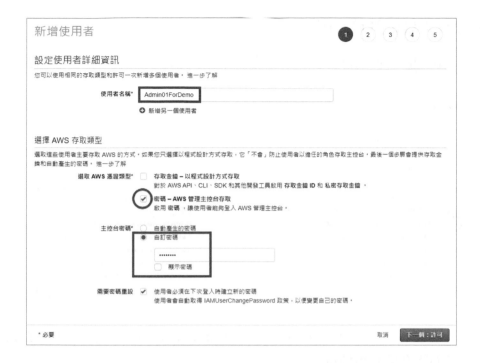

主控台密碼：

可以統一給「自訂密碼」，例如：「0000」或「123456」，再搭配下方的「需要密碼重設」，讓 IAM 使用者登入時再自行建立新密碼。

完成後，請按右下角藍色的「下一個：許可」繼續

第四步：建立前的確認

「檢閱」資料是建立前的最後一個步驟，有問題請按「上一個」返回修改（或是「取消」），檢閱完成就「建立使用者」。

第五步：新增成功，傳送電子郵件通知 IAM 使用者

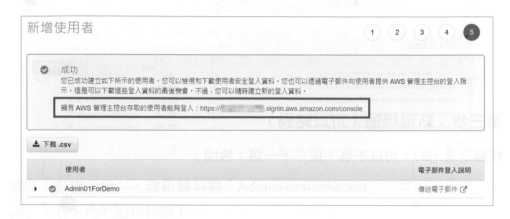

「紅色框線內的 URL」就是給 IAM 使用者登入用的（登入畫面如下圖）。

「傳送電子郵件」，可以自動產生通知信（圖片是「傳送電子郵件」的
Outlook 畫面）。完成 IAM 使用者帳號後，就可以用 mail 通知 IAM 使用者
登入。

3-2 企業級的 Kendra 服務

3-2-1 認識 Amazon Kendra

Amazon Kendra（以下簡稱 Kendra），簡單的說，就是企業專用的資料搜
尋功能。Kendra 不僅可以跟 Amazon Lex（以下簡稱 Lex）整合當成外部的
FAQ Bot，也能以 Agent Assist 的形式協助客服人員迅速解決問題。關於這
部分的應用，稍後也會讓讀者了解。

Kendra 也算是 Amazon 這一兩年主力在推廣的產品之一（在 Youtube 搜尋
Amazon Kendra 就會看到不少影片都是由 Amazon 自己發佈的）。必須提醒
大家，企業版 Kendra 的基本費用 1 小時的收費大約是美金 2 元左右，如果
是用個人帳號在練習的話，練習告一段落請記得要刪除「Kendra index」，
以防費用繼續增加。

Amazon 官網有提供 Kendra 的文件，在研讀本章節之後對於 Kendra 還意猶未盡的話，可以到官網下載這份資料繼續學習。（也建議讀者在練習 Kendra 的同時搭配這份資料）

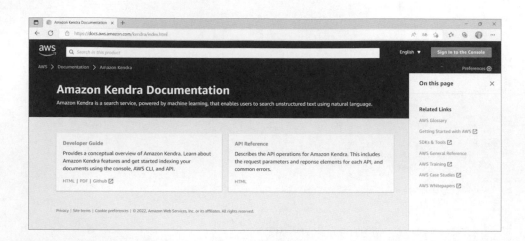

前面提到「Kendra 可以跟 Amazon Lex 整合當成外部的 FAQ Bot，也能以 Agent Assist 的形式協助客服人員迅速解決問題。」而這兩項應用都必須結合 Lex 才能完成，將會安排在 Lex 的實作練習時再介紹。循序漸進，先從 Kendra 的基本功能開始。

3-2-2 建立 Kendra 服務

開啟 Kendra 服務頁面，按下「Create an Index」。

kendra 服務的地區有限制，亞洲地區只有支援「新加坡」跟「澳洲雪梨」這兩區。

如果您選擇的地區無法開啟 Amazon Kendra，請參考官網文件的說明（或是參考圖片）

附帶一提，要在 Lex 使用 Kendra 功能也是有地區限制，Singapore 就沒有提供這個服務，選擇 Singapore 在 Lex 練習整合 Kendra 時就會卡住。AWS 服務的練習都是設定在「Oregon」地區，方便功能整合。

→ 步驟 1：完成基本資訊

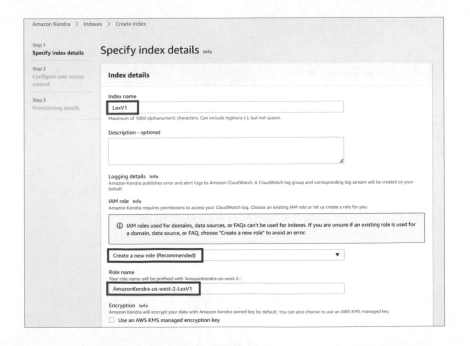

完成 Index details 的必要欄位：

1. Index name：自訂 kendra 名稱

2. IAM role：建議選擇 Create a new role

3. Role name：自訂名稱（前面的「AmazonKendra- 地區 -」是預設值）

4. Encryption：管理權限（由於是練習，就先不用）。

完成後，請按下

Next

→ 步驟 2：設定使用者權限

保留預設值即可。（上線使用時請依照實際情形處理）

按下

Next

→ 步驟 3：選擇使用模式

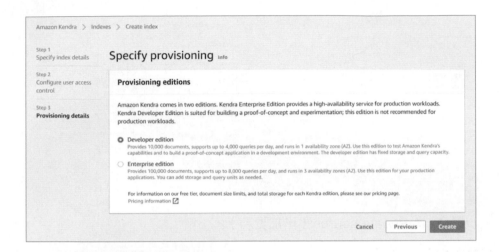

AWS 聲稱的 30 天（上限 750 小時）kendra 的免費試用期，是設定在 Developer edition（開發者模式）；而 Enterprise edition（企業版本）是要收費的。Kendra 本身就是一個專為企業打造的服務，選擇 Enterprise 選項時，一建立 Kendra 服務（就算還沒有上線），就會開始以「時」計費（1 小時的費用人約是美金 2 元）。

要上線使用的 Kendra 也請勿使用開發專用的 Developer edition。以及，30 天經過後，Developer edition 就會開始計費。因此專案練習完畢，不管是哪個版本，除非有必要，請速速刪除「Index」呦。

按下 Create 就會開始建立 Kendra Index（建立過程有時候長達 30 分鐘，請耐心等候，避免更新或關閉頁面，以免失敗）。建立成功就會出現「綠色的通知」。

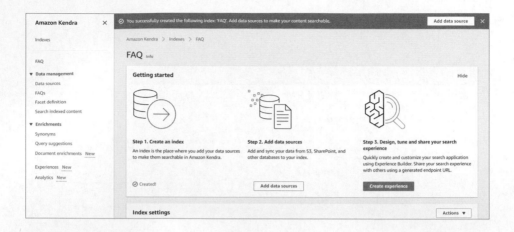

➥ 步驟 4：Add data source（增加資料）

現在建立成功的 Kendra Index 只是一個「空的」搜尋服務，裡面是沒有任何資料的。這一步就是要新增資料，如果有準備自己的資料，可以先放到「Available data sources」中的任一項目，再按下「Connector」新增。

只是練習的話，可以選官方準備的 Sample

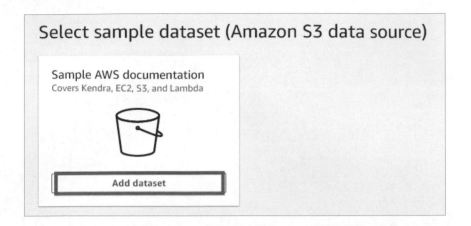

按下「Add dataset」。

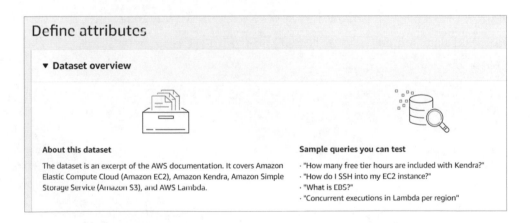

Dataset overview 的「Sample queries you can test」有說明這項資料要如何測試。請繼續完成「Name and description」

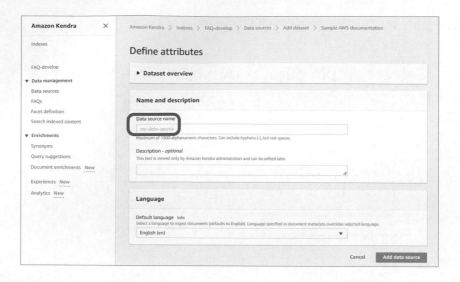

一個 Kendra Index 是可以加入好幾個 Data Source 的，這裡的「Data source name（自訂名稱）」可以用來辨別資料來源。選好 Language 後，請按底下的「Add data source」。（這時候的等待時間可能會長達十幾分鐘，請耐心等候。）

Amazon Kendra > Indexes > LexV1 > Data sources > kendra-data

kendra-data Info

Sync now   Stop sync   Actions ▼

Data source details

Name kendra-data	**Status** ⊘ Active	**Last sync status** ⊘ Successful - service is operating normally	**Current sync state** Idle
Description -	**Type** S3	**Last sync time** 2022年7月10日 上午10:58 [GMT+8]	**Next scheduled sync** -
Data source ID 1979431be3dc	**IAM role ARN** arn:aws:iam:: role/service-role/AmazonKendra-sample-s3-role- 4095-9		
Default language Info English (en)			

完成後，就可以看到新增資料的 details。從「Type」可知官方提供的 data sample 是在 S3，選擇下方的「Settings」就會看到資料來源的連結是 S3

簡單介紹一下 S3，S3 是 Amazon Simple Storage Service 的簡稱，中文是「亞馬遜簡易儲存服務」。「Amazon S3」的服務網頁（比較：之前在 Dialogflow ES 時，也曾經練習將資料上傳到 Google 的類似服務 Cloud Storage）

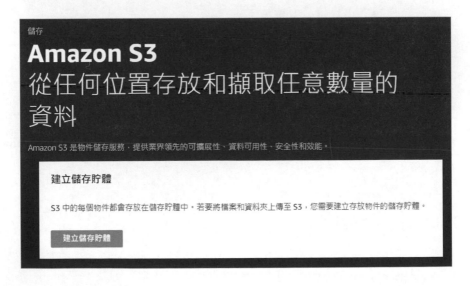

點進 Data source bucket 的 S3 連結，就會看到 Kendra 的資料來源。

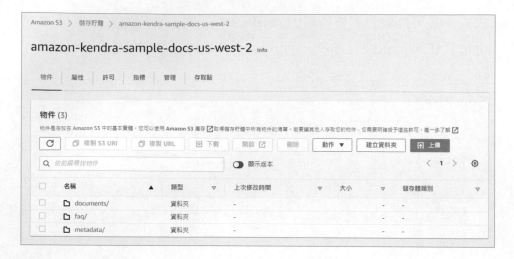

沒問題就回來 Kendra 測試。開啟左側的功能選單，選擇「Search indexed content」

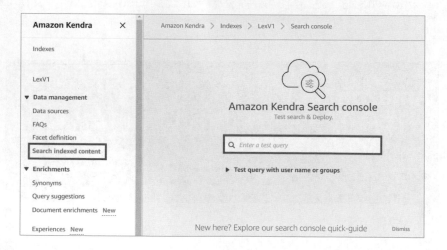

搜尋 dialogflow（來亂的 XD）

搜尋 kendra

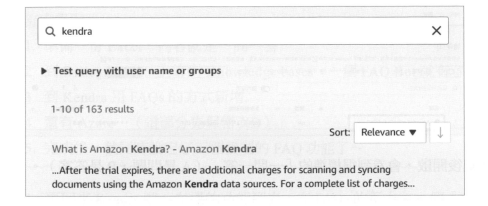

有了！出現 163 個有關資料。

如果想再增加資料，請選擇左邊功能列表的「Data source」，頁面的右上角會有一個「Add data sources」的橘底按鈕。在 Dialogflow 時遇到的資料格式限制，Kendra 也有，先來看看官方提供的 Sample 是怎麼寫的。

再次開啟 S3 的連結，點選「faq/」資料夾，會看到裡面有一個「AmazonKendraSampleFAQ.csv」的 CSV 檔案。

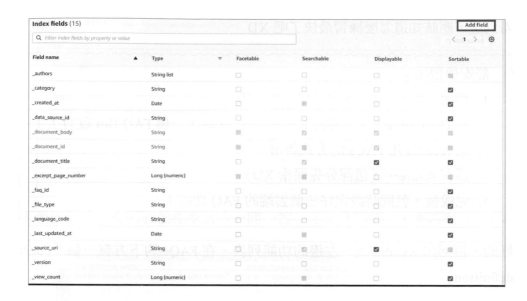

Kendra 的基礎部分就先到這裡，還是要提醒大家，Kendra 雖然方便好用，但是費用不親民喔！在練習的過程中，可以到「Billing」多走走。搜尋 Billing，進到頁面，在 summary 就可以看到目前累積的費用。

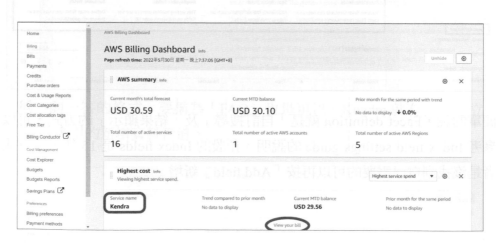

「View your bill」可以看到費用怎麼產生的。

3-3 Amazon Lex

3-3-1 Amazon Lex V1

3-3-1-1 實作

Amazon Lex（以下簡稱 Lex），請在 AWS Console 搜尋 Lex

Amazon Lex 首頁

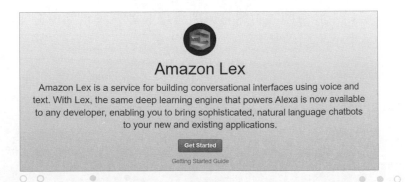

Get Started

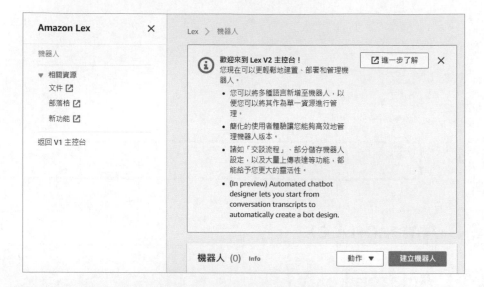

目前的預設是 Lex V2，V1 請從左邊功能選項最下方的「返回 V1 主控台」
進入。

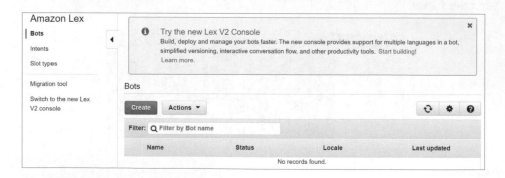

如果沒有看到 V1 的畫面，請檢查目前選擇的區域是否受限制（無法使用
Lex）

支援的語言和地區設定

Amazon Lex 支援以下語言和地區設定。

Code	語言和地區設定
de-DE	德文（德文）
en-AU	英文 (澳洲)
en-GB	英文 (英國)
zh-TW	英文 (美國)
es-419 版	西班牙文 (拉丁美洲)
es-ES	西班牙文（西班牙）
es-US	西班牙文（美國）
fr-CA	法文 (加拿大)
fr-FR	法文（法文）
it-IT	義大利文 (義大利)

從 V1 的這段文字可以知道 V2 是 Amazon 得意之作。

Try the new Lex V2 Console
Build, deploy and manage your bots faster. The new console provides support for multiple languages in a bot, simplified versioning, interactive conversation flow, and other productivity tools. Start building!

雖然 V2 很好用，但是 V1 比較適合入門，怎麼說呢？因為只需要摸清 Intents 跟 Slot types 的底細，就會用了。

Amazon Lex

| Bots

Intents

Slot types

舒安表示：

想想 CX 出現之前，那時的 Dialogflow Console，也就是現在的 ES 版本，左邊的那一排跟 Lex V1 比起來，就知道 Lex V1 是「救世主」等級的，不知拯救多少蒼生 XD

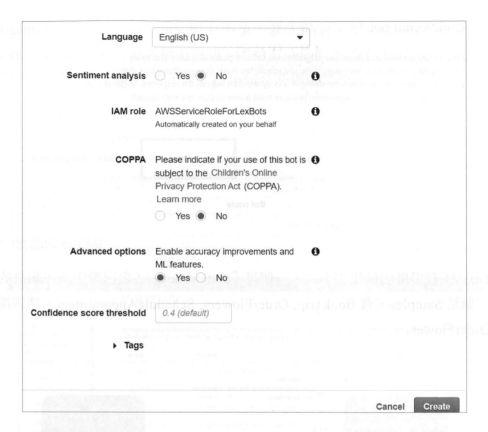

需要設定的基本資料：（建立專案後，在 Setting 的 General 可以找到這些項目）

Language：機器人要使用的語言。

Sentiment Analysis：情緒分析的功能。

IAM role：會自動建立適合的 Role。

COPPA：是否適用 COPPA 請參閱連結提供的文件說明。

Advanced options：是否要提供改善資料給 AWS

Confidence score threshold：信賴分數臨界值，預設值是 0.4。

Tags：備註用的標籤。

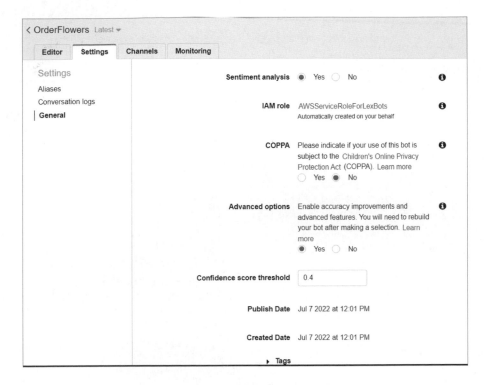

完成以上項目後，「Create」

> ✅ **OrderFlowers build was successful**
> The build is now complete. You can now test the bot in the test window

Lex 建立成功後，會看到這段綠色的提示，已經可以「test the bot」。

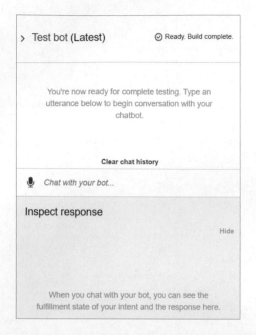

先打個招呼吧～

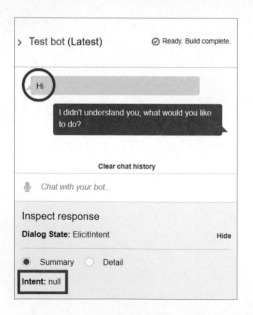

看來這個訂花系統沒有設定 Welcome Intent，繼續…

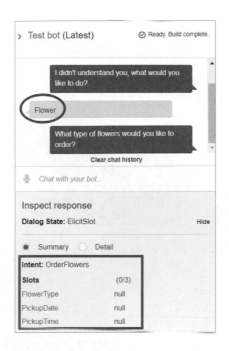

既然是訂花系統，Lex 應該會認識「Flower」…有了！進到 OrderFlowers Intent 了，底下也跟著出現 Slot，繼續對話。

當然對話過程中，可能會出現牛頭不對馬尾的「神回覆」，或是使用者輸入失誤，這時候 Lex 就會重複問題，直到底下的 Slot 的條件被滿足。

當 Slots 的要求都完成後，Lex 就會做最後確認，經使用者確認無誤後，結束對話。

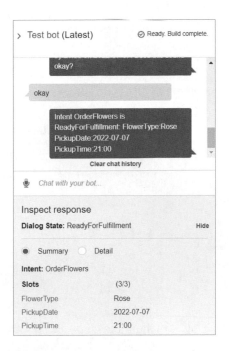

最後會再回覆訊息給使用者。

現在請收起測試面板，回到 OrderFlowers 專案，在「Editor」頁面的 Intents 下方有個「Error Handling」

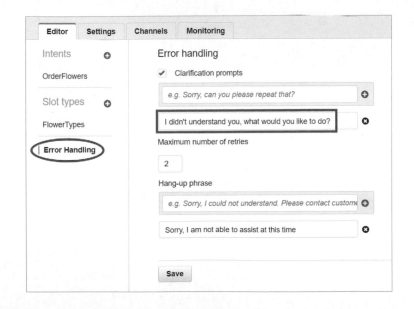

會看到剛才 Hi 的回覆訊息「I didn't understand you…」。

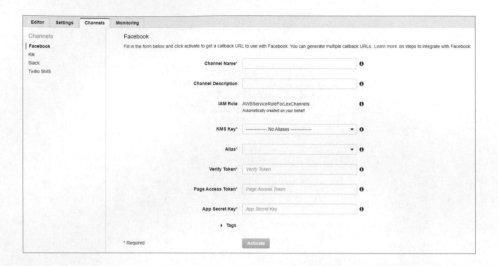

接著看一下整合服務,進到 Channels 設定頁面,有提供 Facebook, Kik, Slack, Twilio SMS.

Facebook Channel 的必填項目中有一項「Alias」,AWS 官方的中文翻譯是「別名」。這個 Alias 其實就是在 Dialogflow 時有提到的「Version(版本)」,但是 Alias 有一些不太一樣的地方。到 Settings 的 Alias 頁面瞭解一下

如果想新增一個 Alias 給 Facebook 用

需要完成下列欄位：

Alias name 是自訂名稱

Bot version 只會有一個 Latest 可選

Add tags 是增加備註

完成後請按下右邊的藍色 +

回 到 Facebook Channel，Alias 的 選 項 就 會 出 現 剛 才 新 增 的「FB_ Channel」。

在 Dialogflow CX 的 Integrations 有練習整合 Facebook Messenger，已 經 有申請過「App Secret」和「Page Access Token」，有興趣整合 Lex 和 Facebook 的話，可以繼續練習呦～

再回到 Editor，這次要看的是 Intents 項目的 OrderFlowers

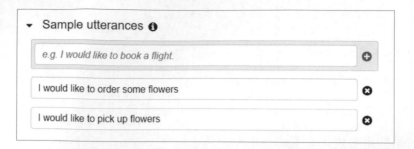

Sample utterances 就是用來比對使用者的訊息，如果相似，就會「召喚」底下的 Slots 項目上場。所以剛才在測試的時候，輸入「Flower」，Lex 就丟出「What type of flowers would you like to order?」

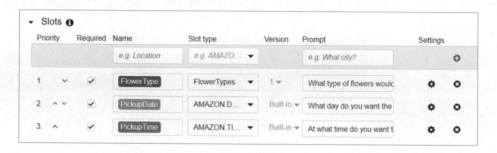

「What type of flowers would you like to order?」這句話就是從 Slots 的「FlowerType」丟出來的提示。當使用者給的訊息都滿足所有的 Slots 時，就會進入「Confirmation prompt」。Confirmation prompt 功能是選擇性使用的，也可以不使用（取消勾選即可）

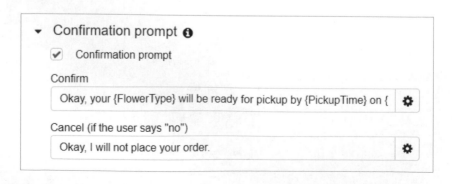

3-3-1-2 加入 Kendra 的應用

透過 Sample 的設計，稍加了解 Lex 的基本功能之後，現在就練習用「Custom Bot」建立一個具備 Kendra 功能的機器人吧。

> **溫馨小提醒**
>
> 這次練習會使用到 Lex 內建的「AMAZON.KendraSearchIntent」，由於這個 Intent 目前只提供美式英語「English (US) (en-US)」版本，並且地區限於「US East (N. Virginia), US West (Oregon) and Europe (Ireland)」。
>
> 請檢查目前的 Lex 設定，若是不符合上述標準，建議先換個合適的環境再繼續～

➜ 步驟 1：新增一個 Bot

回到 V1 的 Console，會看到「OrderFlowers」，請再按下藍色的「Create」。

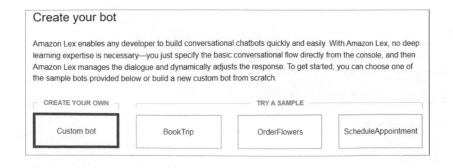

選擇「Custom bot」，並完成底下的基本設定。

資料欄位說明：

1. Bot name：自訂 Bot 名稱

2. Language：任選

3. Outpot voice：請選擇純文字「None. This is only a text based application.」

4. Session timeout：超過設定時間就結束這次的對話連線。

5. Sentiment analysis：先不要

6. COPPA：是否適用請點閱資料連結（這次是官方的 Kendra data 所以不會有這個問題。）

7. Advanced options：Yes（選 No，Lex 就不給你玩了 XD）

8. Confidence score threshold：保留預設值 0.4 即可。

完成後，按下 **Create**

➡ 步驟 2：新增 Intent 並完成相關設定

Custom Bot 的功能頁面

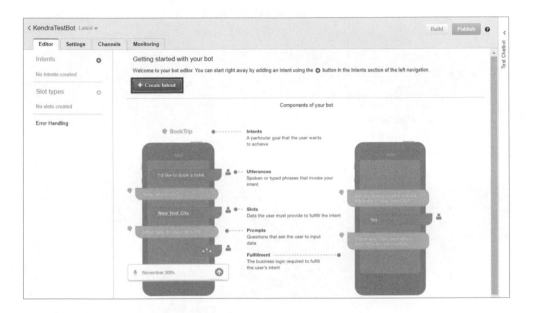

在 Sample Bot 時已經有介紹過 Console 的基本功能，Custom Bot 的用法基本上是一樣的，只是預設的 Intents 跟 Slot types 是空的，要自己建立。按下「Create Intent」新增一個 Intent.

Create Intent

空格請輸入自訂的 Intent 名稱，這時右下的「Add」就能使用了

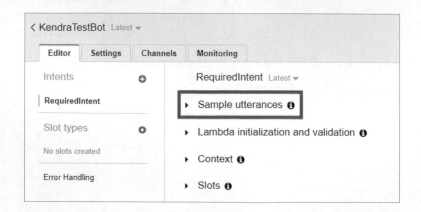

按下 Add 回到 Intents，底下會出現新建立的 Intent，選擇「Sample utterances」

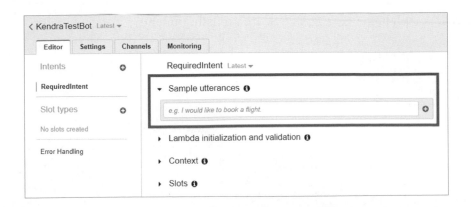

Utterances 就是使用者可能會使用的訊息文字，請加入一行文字。「避免」
使用到與查詢資料會用到的「關鍵字」，以免問問題時會掉進這個 Intent。
例如：自備的資料中有營業時間跟地點的話，就避開這類的同義字，這樣
Lex 才不會跑到這裡找回覆訊息。

處理好，記得要

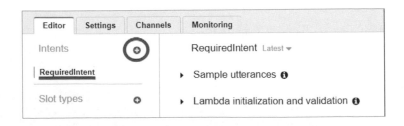

就會在 Lex Console 的 Intent 底下看到新建立的 RequireIntent。請按下右邊
藍色＋

再新增一個 Intent，這次選擇「Search existing intents」

Built-in intents 裡面會有內建 Intents 可以用，請找到「AMAZON. KendraSearchIntent」

在 Search 欄位搜尋「Kendra」就會出現

由於「AMAZON.KendraSearchIntent」目前只提供美式英語「English (US) (en-US)」版本，並且地區限於「US East (N. Virginia), US West (Oregon) and Europe (Ireland)」。如果沒找到的話，請留意自己的環境設定是否符合這些限制。

請在 Give a new name for the built-in intent 下方的欄位輸入自訂的 Intent 名稱

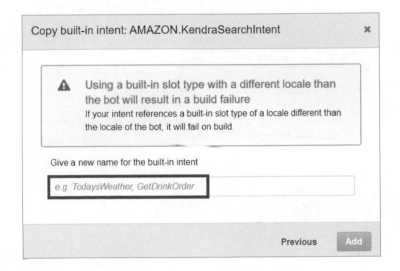

完成後按下 Add

Give a new name for the built-in intent

KendraIntent

Previous   Add

就會看到 Intent 底下有 KendraSearchIntent 跟 RequiredIntent

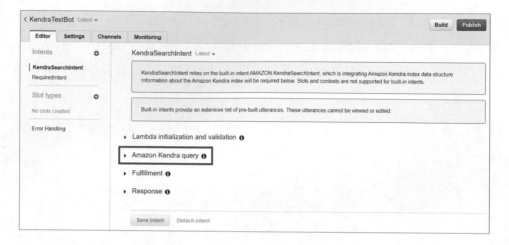

KendraSearchIntent 會有個「Amazon Kendra query」

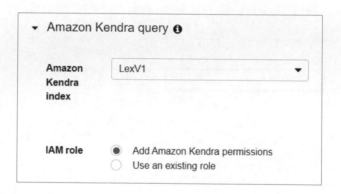

Amazon Kendra index：

1. 請選擇適合的 Kendra index（已經建立的 Kendra Index 會出現在清單中，如果沒看到，請檢查「地區」是否相同）。

2. IAM role：建議選「Add Amazon Kendra permissions」

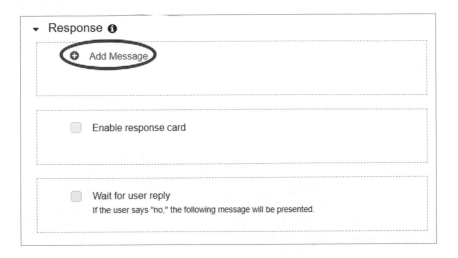

在 Response 按下「Add Message」增加回應

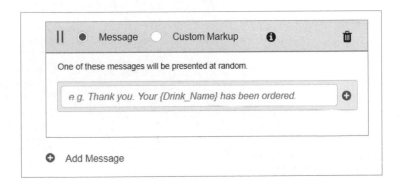

請增加 Kendra 專用語法

((x-amz-lex:kendra-search-response-question_answer-answer-1))

可以參考圖片的寫法,選其中一種就可以,如果多增加幾句,Lex 就會隨機
回覆。

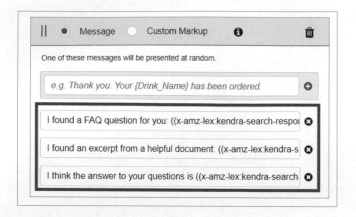

最後按下 Save Intent 存檔，並且 Build

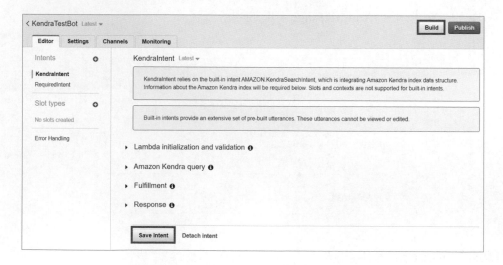

Bot 建置成功會收到通知。

> ✓ KendraTestBot build was successful
> The build is now complete. You can now test the bot in the test window

➡ 步驟 3：建置成功後，測試機器人

這時就可以開啟最右邊的「Test bot」測試。（這裡也會顯示 Build complete）

萬年開場詞：Hi

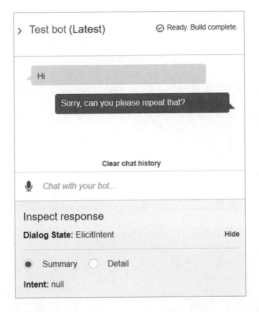

進入主題的關鍵字：Kendra

下方 Inspect response 可以看到 Lex 回覆的訊息是 KendraIntent 的預設訊息

→ 步驟 4：測試成功後，可以將 Kendra Bot 加入 Slack Workspace

後續會將這個 Kendra Bot 加進 Slack，讓 Slack workspace 的成員都能夠使用，關於這部分的解說請參閱 Slack 的章節。

3-3-1-3 Agent Assist

Kendra 除了可以當成 FAQ Bot，還可以做成 Agent Assist 協助第一線的客服人員迅速處理問題。這項 Agent Assist 的服務也是需要透過 Amazon Lex 達成。

準備工作：

1. 請先完成之前的進度，建立一個具有Kendra 搜尋功能的「Lex Bot」後，再回到這裡繼續完成後續的部分。

2. 建立 Amazon Cognito

首先，還是要解釋一下 Amazon Cognito 會出現的原因，因為 Kendra Agent Assist 會以 Web 的方式提供服務，要使用這個 Web 服務，必須獲得權限。

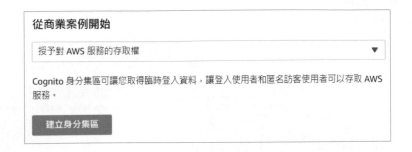

Cognito 提供兩種方式：

1. 「將使用者目錄新增到您的應用程式」：建立使用者集區

2. 「授予對 AWS 服務的存取權」：建立身分集區

請選擇「授予對 AWS 服務的存取權」，並按下「建立身分集區」

➥ 步驟 1：

只需處理「自訂身分集區名稱」&「啟用未驗證身分的存取權」，其他保

留預設值，就可以按下「建立專區」到步驟 2

Before you can begin using your new Amazon Cognito identity pool, you must assign one or more IAM roles to determine the level of access you want your application end users to have to your AWS resources. Identity pools define two types of identities: authenticated and unauthenticated. Each can be assigned their own role in IAM. Authenticated identities belong to users who are authenticated by a public login provider (Amazon Cognito user pools, Facebook, Google, SAML, or any OpenID Connect Providers) or a developer provider (your own backend authentication process), while unauthenticated identities typically belong to guest users.

When Amazon Cognito receives a user request, the service will determine if the request is either authenticated or unauthenticated, determine which role is associated with that authentication type, and then use the policy attached to that role to respond to the request. For a list of fine-grained IAM role example policies to choose from, see IAM Roles in the *Amazon Cognito Developer Guide*.

Note

As a best practice, define policies that follow the principle of granting *least privilege*. In other words, the policies should include only the permissions that users require to perform their tasks. For more information, see Grant Least Privilege in the *IAM User Guide*. Remember that unauthenticated identities are assumed by users who do not log in to your app. Typically, the permissions that you assign for unauthenticated identities should be more restrictive than those for authenticated identities.

▶ 檢視詳細資訊

取消　　**允許**

開啟「檢視詳細資訊」

上面這段英文的意思大致上是在說：「通常實作都不會太順利，一定都需要回頭再檢查設定，因為你一定不會把說明都看完。」（誤）

▼ 隱藏詳細資訊

角色摘要 ❓

角色說明　Your authenticated identities would like access to Cognito.

IAM 角色　建立新的 IAM 角色 ⌄

角色名稱　Cognito_MyAgentAssistAuth_Role

▶ 檢視政策文件

角色摘要 ❓

角色說明　Your unauthenticated identities would like access to Cognito.

IAM 角色　建立新的 IAM 角色 ⌄

角色名稱　Cognito_MyAgentAssistUnauth_Role

▶ 檢視政策文件

➥ 步驟 2 會建立兩個新的 IAM 角色，一個是授權，另一個是未授權。請保
留預設值，按下「允許」。

身分集區建立後，會出現「Amazon Cognito 入門」，預設平台是「Android」

因為這次的練習是用「Web」，請換成「JavaScript」

請複製「取得AWS登入資料」的「AWS.config.region」以及「IdentityPoolId」等號後面的字串（紅色字體）。接著就要透過 Web 測試 Agent Assist 的功能。

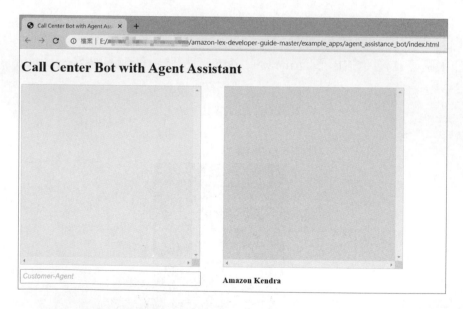

不會架網站，也沒有寫過程式的朋友，看到這畫面別緊張，編寫網頁已經超出本書的範圍，這部分就有請 Amazon 幫忙囉～

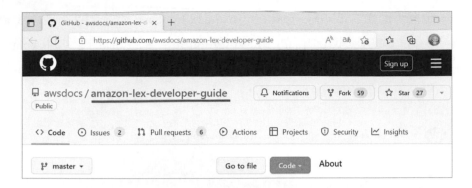

請到 AWS 的 Github，找到並下載「amazon-lex-developer-guide」。下載請點選「綠色的 Code」，裡面會有個「Download ZIP」。

這個測試網頁，就是這裡面的 index.html 檔案（下載後，直接點開就會看到跟圖片一樣的畫面）

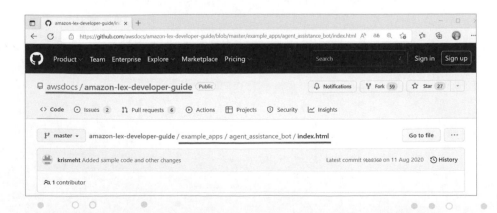

請用編輯器（例如：Sublime Text）開啟 index.html，找到第 102 行的「AWS. config.region」以及第 105 行的「IdentityPoolId」，將之前複製的 Amazon Cognito 的 JavaScript 版 AWS 登入資料，分別貼到等號後面。

```
100        // Initialize the Amazon Cognito credentials provider
101        // Provide the region of your AWS account below
102        AWS.config.region = 'Enter region here'; // Region
103        AWS.config.credentials = new AWS.CognitoIdentityCredentials({
104        // Provide your Pool Id below
105            IdentityPoolId: 'Enter pool Id here',
106        });
107
108        var lexruntime = new AWS.LexRuntime();
109        var lexUserId = 'chatbot-demo' + Date.now();
110        var sessionAttributes = {};
```

還有第 132 行的「botName」請改成 Lex 的自訂名稱。如果已經有發佈 Alias，第 131 行的「botAlias」也要改喔！

```
128        // Send it to the Lex runtime
129        // Provide the name of your bot below
130        var params = {
131            botAlias: '$LATEST',
132            botName: 'Enter the name of your bot',
133            inputText: customerInput,
134            userId: lexUserId,
135            sessionAttributes: sessionAttributes
136        };
```

好啦～開啟 Agent Assist 測試吧～

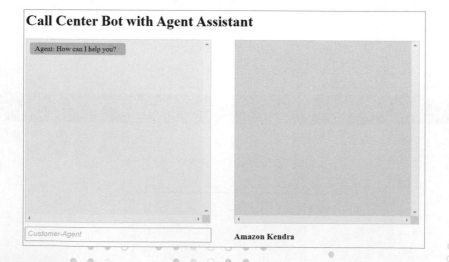

點選「Customer-Agent」就會有預設的文字訊息,由於現在沒有「Customer」,請從文字訊息中選擇。

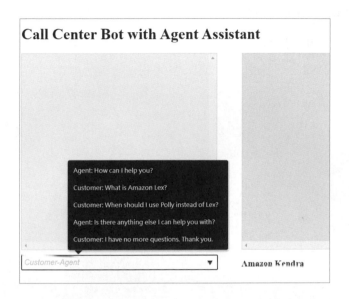

送出「前面有 Customer」的訊息

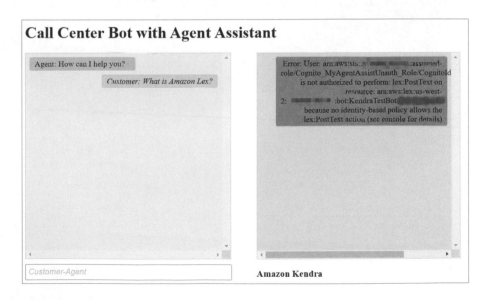

啊⋯尷尬了 XD

正常的情況下，當 Customer 回覆時，右邊的 Kendra 就會像 Google 的 Agent Assist 一樣，給予「提示」訊息。至於回給 Customer 的內容還是由客服人員決定，這裡的 Kendra 不會直接跟 Customer 互動。

如果客服人員未取得授權，就開啟 Kendra 的 Agent Assist 功能，就會出現類似右邊的錯誤提示，也算是一種保護機制。

關於權限問題請到「IAM」

IAM 儀表板有個「角色」，點選底下的「藍色數字」，開啟角色資訊

在搜尋欄位輸入「Cognito」會看到剛才建立的兩個 IAM Role，先從「Cognito_MyAgentAssistauth_Role」開始處理。

新增許可：選擇「連接政策」

在「其他許可政策」的搜尋欄位輸入「AmazonLexRunBotsOnly」

按下 Enter，政策名稱就會出現「AmazonLexRunBotsOnly」這一項，請勾
選前面的方框後，按右下方的「連接政策」

建立後，「Cognito_MyAgentAssistauth_Role」的「許可政策」就會多一項
「AmazonLexRunBotsOnly」。

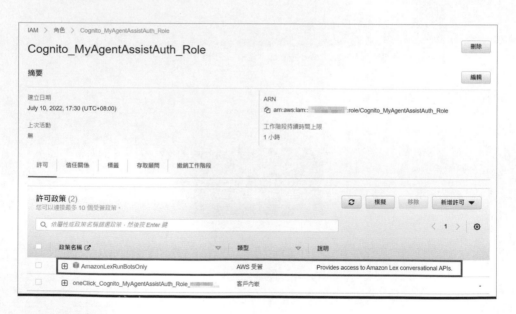

別忘記還有「Cognito_MyAgentAssistUnauth_Role」要處理喔！！

過程跟「Cognito_MyAgentAssistauth_Role」是一樣的

好的，重啟跟 Agent Assist 的對話視窗吧～

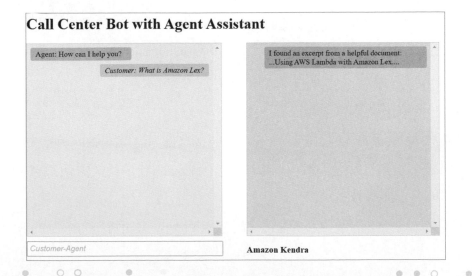

Kendra 現在就有正常在上班

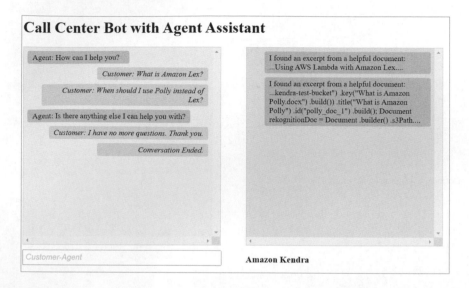

當然這功能一定會被拿來跟 Google 的 Agent Assist 做比較，至於孰優孰劣的問題，答案就見仁見智囉～

3-3-2　Amazon Lex V2

Amazon Lex V2（以下簡稱 Lex V2）是一項 AWS 服務，可利用語音和文字為應用程式建置對話式介面。Amazon Lex V2 具備自然語言理解 (NLU) 和自動語音辨識 (ASR) 的深度功能性和靈活性，令您得以透過生動的對話互動打造高參與度的使用者體驗和建立全新類別的產品。（資料來源：AWS 官網）

幫 Lex V2 做個重點整理：

1. 屬於 AWS 的「AI 服務」，因為 Lex V2 具備 NLU 跟 ASR 功能。

2. 已經有在用 AWS 服務的使用者，選擇 Lex 的話，比較方便跟 AWS 平台的其他服務整合。

不過有一點要特別注意，就是 Lex 可以使用的地區跟語言是有限制的。

Supported languages and locales

Amazon Lex V2 supports the following languages and locales.

Code	Language and locale
ca_ES	Catalan (Spain)
de_AT	German (Austria)
de_DE	German (Germany)
en_AU	English (Australia)
en_GB	English (UK)
en_IN	English (India)
en_US	English (US)
en_ZA	English (South Africa)
es_419	Spanish (Latin America)
es_ES	Spanish (Spain)
es_US	Spanish (US)
fr_CA	French (Canada)
fr_FR	French (France)
it_IT	Italian (Italy)
ja_JP	Japanese (Japan)
ko_KR	Korean (Korea)
pt_BR	Portuguese (Brazil)
pt_PT	Portuguese (Portugal)
zh_CN	Mandarin (PRC)

這張圖片是V2的「languages & locales」，瞄完應該會發現Lex V2「不支援」zh-TW（繁體中文）。

開始使用 V2，可以從 Console 搜尋，也可以從 V1 轉換。Lex V1 Console
有個「switch to the new Lex V2 console」可以直接開啟 V2 Console

Lex V2 Console

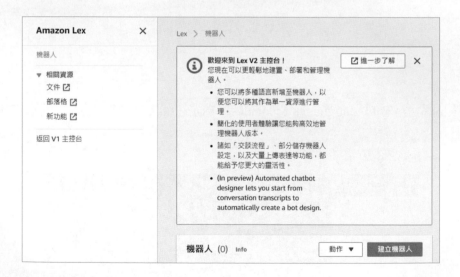

建立機器人

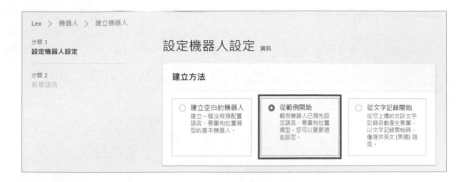

「從範例開始」

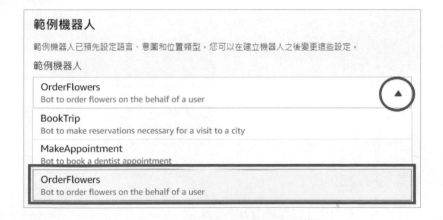

提供 3 種 Samples，分別是 OrderFlowers, BookTrip, MakeAppointment.

這次還是選擇 OrderFlowers，點選後請幫機器人取個名稱

IAM 許可的執行階段角色：

有「現有的角色」，可以選擇「使用現有的角色」；或是如下圖選擇建立新角色。新手的話，建議選「使用基本的 Amazon Lex 許可建立角色」。

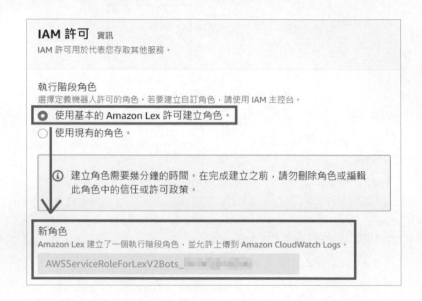

接著完成其他的設定：

1. 是否有涉及 COPPA 請參閱 COPPA 條款

2. 閒置工作階段逾時：

超過設定時間就會結束這一次的對話。使用者在超過時間的回覆會開啟新的對話，也就是「重新開始」。

兒童線上隱私權保護法 (COPPA) 資訊

您機器人的使用是否受限於兒童線上隱私權保護法 (COPPA) 🔗 ？

○ 是

● 沒有

閒置工作階段逾時

您可以設定當使用者未提供任何輸入且工作階段閒置時，工作階段維持的時間長度。Amazon Lex 會保留內容資訊，直到工作階段結束為止。

工作階段逾時

3	分鐘 ▼

依預設，工作階段持續時間為 5 分鐘，但您可以指定介於 1 到 1440 分鐘 (24 小時) 之間的任何持續時間。

進階設定是選用，可以不做任何改變（依個人需求使用）

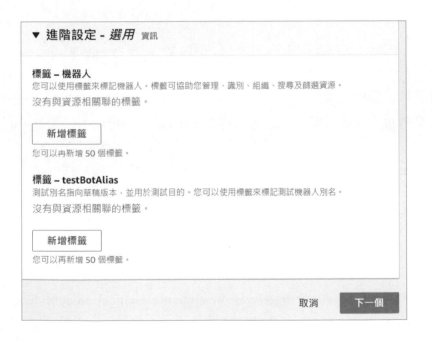

▼ 進階設定 - *選用* 資訊

標籤 – 機器人
您可以使用標籤來標記機器人。標籤可協助您管理、識別、組織、搜尋及篩選資源。
沒有與資源相關聯的標籤。

新增標籤

您可以再新增 50 個標籤。

標籤 – testBotAlias
測試別名指向草稿版本，並用於測試目的。您可以使用標籤來標記測試機器人別名。
沒有與資源相關聯的標籤。

新增標籤

您可以再新增 50 個標籤。

取消　　下一個

下一個

預設語言（圖中紅框）：英文，在語音互動會有好幾種語音可以選擇。綠色框線內的「語音互動」，就是「AWS Polly」。也可以不使用 Polly

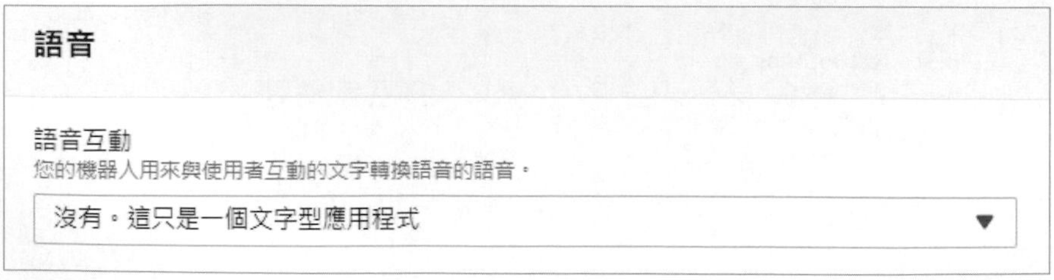

「意圖分類信賴分數臨界值 (Intent classification confidence score threshold)」

Lex 的信賴分數介於 1.0 到 0.0 之間，愈接近 1.0 表示可信度愈高，這裡的 0.4 是可以調整，當分數低於 0.4 時就會被排除在可能性之外。

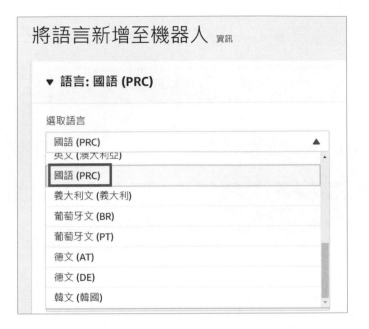

將語言新增至機器人：

1. 語言請選擇：國語 (PRC)

2. 語音互動（圖中綠框）：中文目前只提供一種語音

這次先從純文字開始練習,請選擇「文字型應用程式」(如下圖)。並且按下「完成」

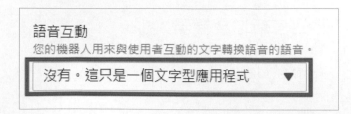

成功建立機器人後,先來測試

測試三部曲:

1. 建置

2. 已成功建置(失敗請回到 1 重來)

3. 測試

點選「測試」,在訊息欄位輸入訊息

用「Hi」（或是「你好」）引出「初始請求」的回覆後，按下「檢查」

對話進行中，系統會自動「提取」User 給的有效資訊

檢查	
摘要	JSON 輸入和輸出

意圖	
OrderFlowers	

位置	提取
FlowerType	-
PickupDate	-
PickupTime	-

完成這裡的「提取」欄位，是這個機器人的主要任務之一。（「JSON 輸入和輸出」有 Json 檔案可以參考）

檢查　　　　　　　　　　　　　✕

摘要　　JSON 輸入和輸出

複製

```
{
 "botAliasId": "TSTALIASID",
 "botId": "ZL3DOSHPKB",
 "localeId": "zh_CN",
 "text": "Hi",
 "sessionId": "539665512765374"
}
```

繼續對話，完成「提取」欄位

（繁體中文在使用上還不至於有太大的阻礙）

這裡就遇到「時間格式」的問題

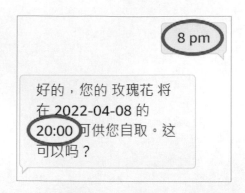

「8pm」或是「20:00」是可以的，結束用語也是個待處理問題

當 Lex 不理解 user 的語意時，就會一直跳針（重複同樣的問題）

為什麼會出現「已履行意圖 FallbackIntent」呢？一起來找答案吧～回到「意圖」的畫面

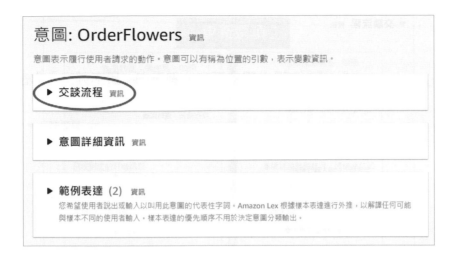

選擇「交談流程」

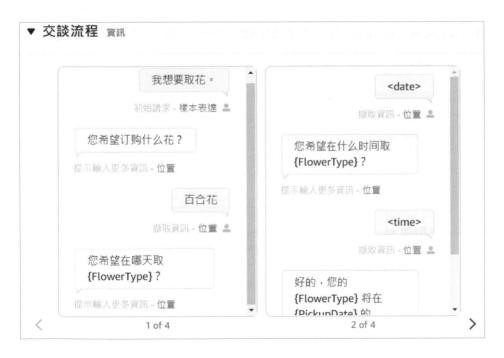

從交談流程可以看到，測試時回復的問句，都是預設的

補充說明：

如果想更改預設的 FallbackIntent 意圖名稱，請進入 FallbackIntent 的交談流程

這裡的「FallbackIntent」(意圖名稱) 是可以透過「意圖詳細資訊」修改的

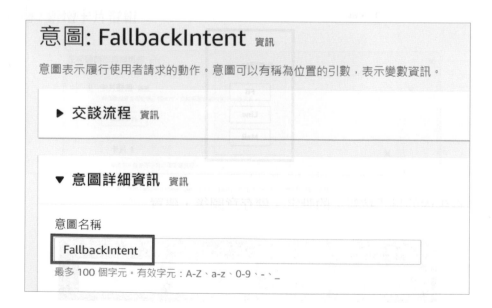

3-4 AWS 與 Slack 的應用

3-4-1 Slack

3-4-1-1 Slack 簡介

Slack 其實是「Searchable Log of All Conversation and Knowledge」的縮寫，中文意思大概是「所有可搜索的會話和知識日誌」。（資料來源：wiki 百科）

Slack 有個很獨特的地方，就是使用者「不需要」註冊一個固定的帳密來登入，可以把 Slack 想像成 team work 的概念，也就是「同事關係」，workspace 就是基於這樣的概念，每個 workspace 都是各自獨立的，即使是用同一個帳號登入全部的 workspace，但各個 workspace 可以設定不同的密碼。

好友關係在 Slack 上就顯得薄弱，加入 workspace 後，是無法任意退出的，就像是在公司跟某位同事的八字不合，每天見面分外眼紅，還是得繼續完成工作。

3-4-1-2 開始使用 Slack

Slack 官網 https://slack.com/intl/zh-tw/

直接在網址列輸入 slack.com, 就會自動轉到 slack 官網

可以透過「免費試用」，或是「使用 Google 註冊」開始使用 Slack

免費試用	使用 Google 註冊

接下來就是到信箱收驗證碼的信，並在網頁上輸入

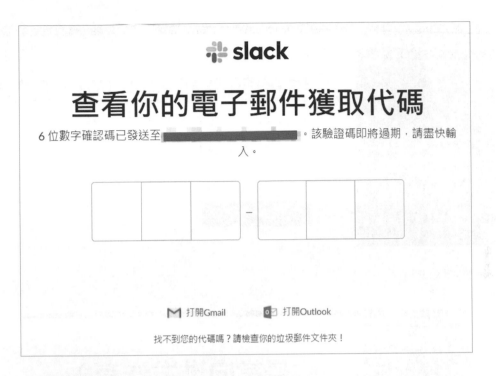

請在方框內填入工作區域 (Workspace) 名稱。

第二步要填寫的,就是「頻道名稱」。

增加團隊成員

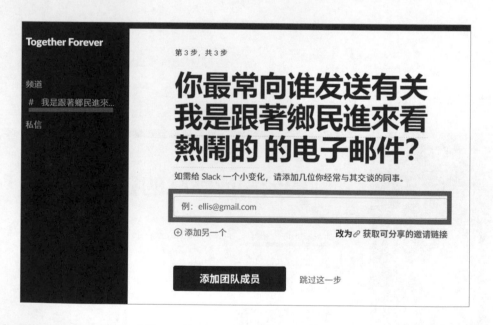

啟動 Slack（如果有下載 PC 版本，請按下「開啟 URL」，或是按下「在瀏覽器使用 Slack」）

成功建立第一個 Slack 的 Workspace.

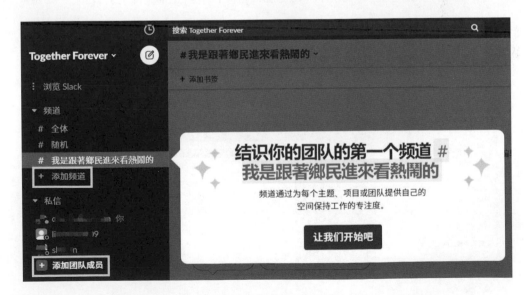

3-4-2 Slack 與 Live Chat 的應用

Slack 的即時通訊「Live Chat」

Slack 本身可以整合許多的專業 App，可以到「添加應用」中找找看有沒有自己常用的。

筆者覺得這裡面有一款 App「Live Chat」還不錯，跟讀者們分享。

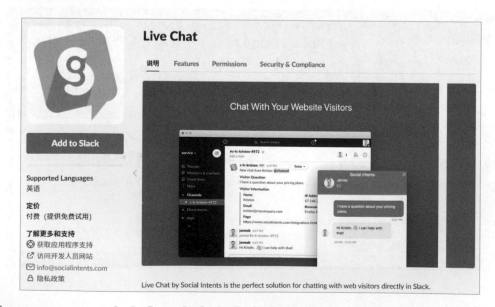

請在 Slack 的 App 大海裡，撈到「Live Chat」後，按下「Add to Slack」。

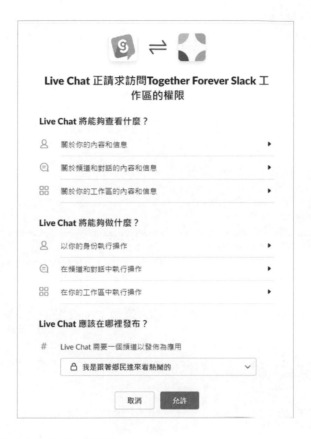

選擇頻道後，按下「允許」授權 Live Chat

會在頻道中看到 Live Chat 被加入的提示。點選「Live Chat」就可以跟 Live Chat 進行一對一對話。

繼續完成 Live Chat 的設定：從外部網站開啟 Live Chat

請複製圖片中灰色部分的程式碼，貼到自己的網站。

問題來了，沒有自己的網站怎麼辦？？？舒安表示：這不是問題，十秒就可以生出一個臨時的來練習。

在桌面新增一個資料夾，在資料夾裡面新增一個 word 檔案，將檔案名稱改成「index.html」，增加下面的內容後，存檔。

```
1   <!DOCTYPE html>
2   <html>
3       <body>
4
5           <script src="https://www.socialintents.com/api/socialintents.1.3.js#
                        ████████████████████" async="async"></script>
6
7       </body>
8   </html>
```

存檔後，點開 index.html

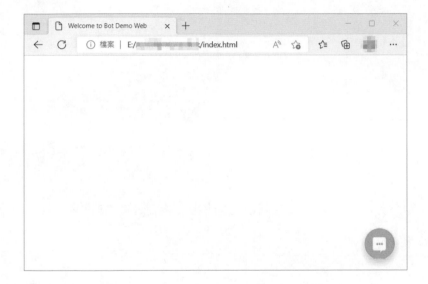

右下方出現一個 icon

（這個 Logo 的位置好像似曾相識…有沒有覺得它跟 Dialogflow Messenger
長得很像 XD）

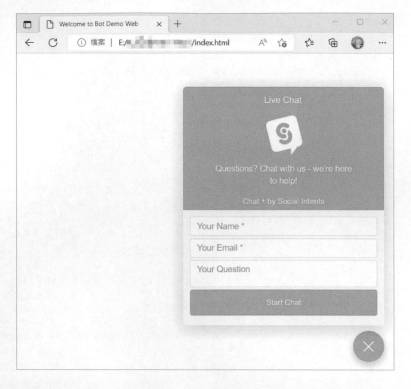

好的，這就是 Live Chat（這樣就可以使用了，是不是快速又方便！？）

現在就來 Try Try!!

送出文字訊息後，進到 Slack 查看

每一回合的對話，都會產生一個獨立的頻道，若是重要的對話，可以「加入頻道」，就不用擔心找不到。下圖就是「加入頻道」。

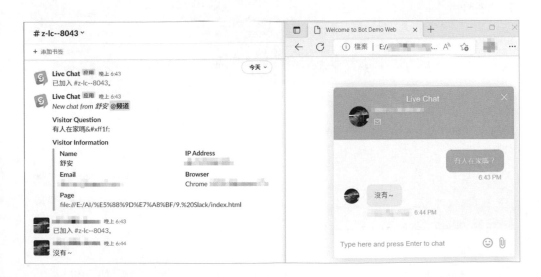

3-4-3 整合 Lex V1 與 Slack

Live Chat 雖然很方便，但還是需要「真人」回覆，如果能有個機器人幫忙，就更好了，那就將 Amazon Lex 加進來吧～

➡ 步驟 1：新增 Alias

V1 跟 V2 都可以，先從 V1 開始，先新增一個給 Slack 用的 Alias

進 到 Settings 的 Alias，輸 入 自 訂 的「Alias name」，Bot version 選 擇「Latest」，按下「藍色＋」

新增的 Alias 就會出現在下方，要修改或更新請按「Manage tags」

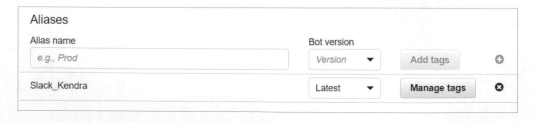

Alias 處理好，就回到 Channels，這次選「Slack」

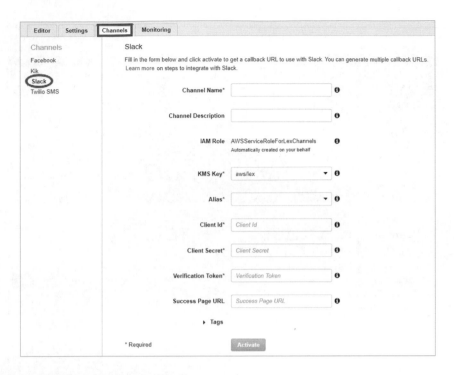

填入必要資訊後，底下的「Active」才給按。

Channel Name：自訂頻道名稱

KMS Key：保留預設的「aws/lex」

Alias：選擇適合的

Client Id, Client Secret, Verification Token 這三項必須到 Slack api 專用網站申請。

➥ 步驟 2：

到 Slack api 網站取得「Client Id, Client Secret, Verification Token」

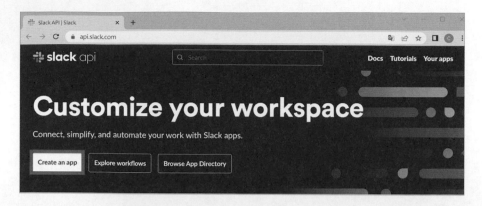

找到「Create an app」（紅色框框），並按下它

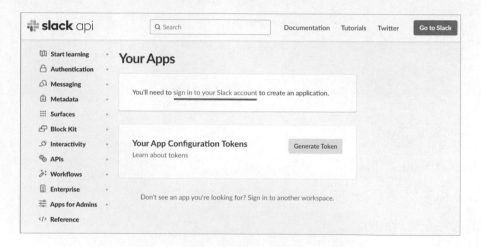

Sign in to your Slack account（請先登入 Slack），登入後，建立一個 App

Create an App

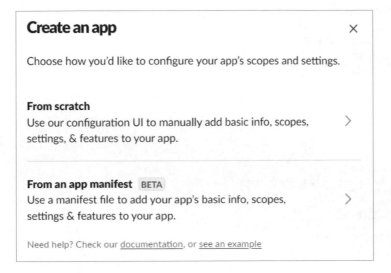

這裡二選一（沒想法的話就選「From scratch」）。

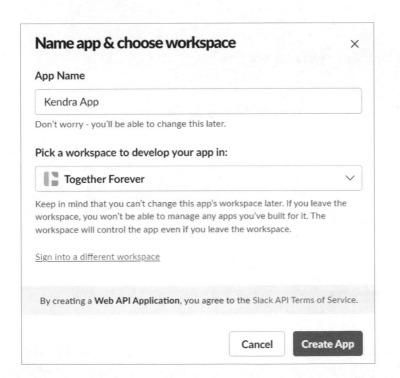

Name app & choose workspace:

1. App Name: 幫 App 取個名稱（App 建立後可以改名）。

2. Pick a workspace to develop your app in:（選個 App 專用的 workspace）
   這裡要注意，選錯了只能重建一個 App，無法事後更改。

完成後，請按下綠色的 Create App，就會跳轉到「Basic Information」

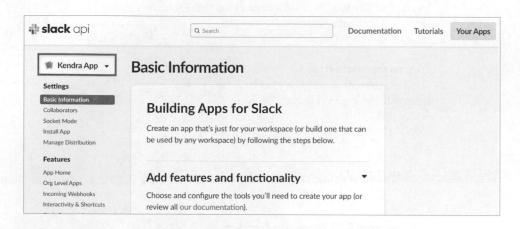

請先到 Interactivity&Shortcuts

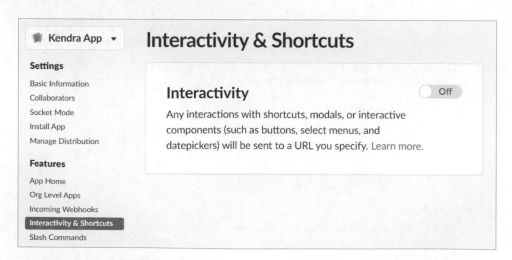

開啟 Interactivity 功能，並在 Request URL 輸入一個臨時的 URL（例如：
https://slack.com），記得要按下「Save Change」。

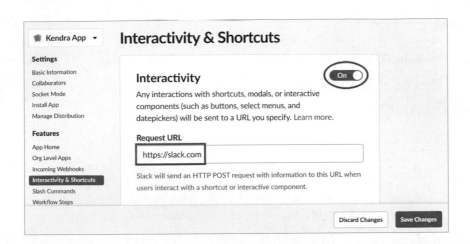

接著回到 Basic Information 的「App Credentials」找到 Lex 的 Slack Channel 要的資料。

➥ 步驟 3：

請將「Client ID」、「Client Secret」、「Verification Token」貼到 Lex 的 Slack Channel，並完成其他必要項目後，按下「Active」。（複製 Client Secret 前請先按下「Show」，顯示密碼後再複製。）

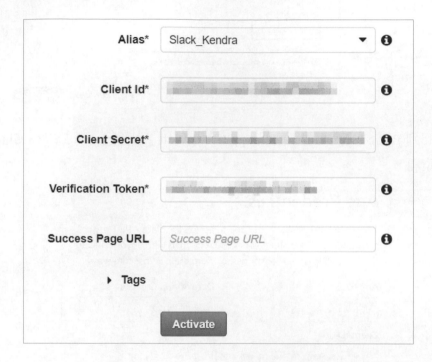

Callback URLs 就會顯示 Channel 的名稱跟建立時間，以及兩個很重要的 URL：「Postback URL」&「OAuth URL」。

→ 步驟 4：將「OAuth URL」新增到「Redirect URLs」

複製「OAuth URL」，回到 Slack app，開啟「OAuth & Permissions」設定
頁面。

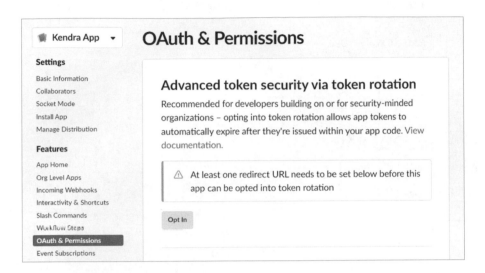

請找到「Redirect URLs」項目，並按下「Add New Redirect URL」新增一
個新的 Redirect URLs

3-103

複製 Lex 的「OAuth URL」，貼到這裡，記得要按下最右邊的「Add」

記得還要按「Save URLs」

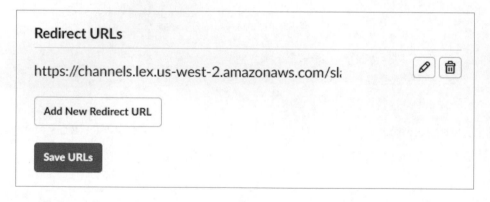

➥ 步驟 5：

複製 Lex 的「Postback URL」分別貼到「Event Subscriptions」以及「Interactivity」的「Request URL」

複製 Lex 的「Postback URL」，將 Interactivity 的 Request URL 換掉

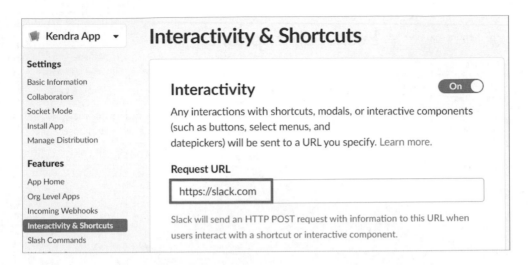

將「Postback URL」貼上後，按下「Save Changes」

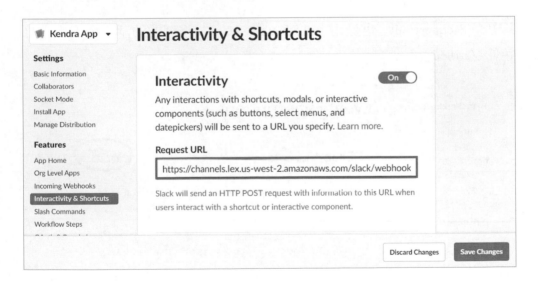

再到「Event Subscriptions」開啟 Events 功能

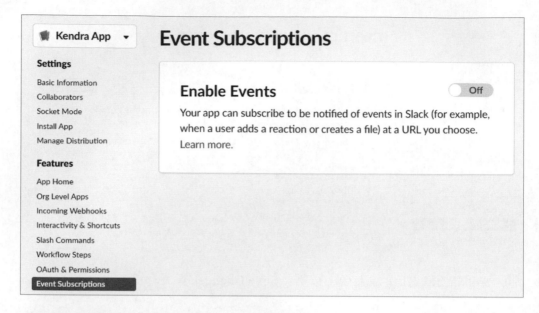

這裡的 Request URL 也是用「Postback URL」（沒問題的話，會出現「綠色的 Verified」）

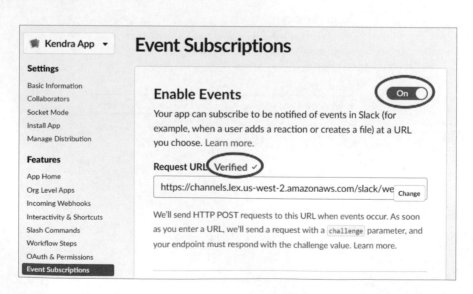

➥ 步驟 6：增加「chat:write & team:read」的權限

回到「OAuth & Permissions」的 Bot Token Scopes 增加權限（Add an OAuth Scope）

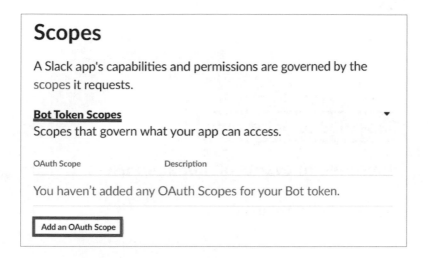

增加「chat:write」&「team:read」兩項（如下圖）

Scopes

A Slack app's capabilities and permissions are governed by the scopes it requests.

Bot Token Scopes
Scopes that govern what your app can access.

OAuth Scope	Description	
chat:write	Send messages as Kendra App	🗑
team:read	View the name, email domain, and icon for workspaces Kendra App is connected to	🗑

Add an OAuth Scope

➥ 步驟 7：加入「message.im」，讓使用者可以直接跟 Slack Bot 對話

繼續處理 Subscribe to bot events

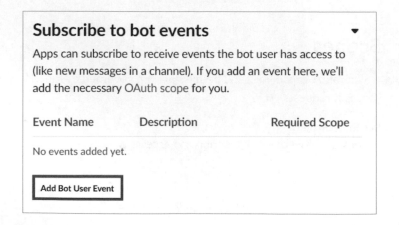

展開 Subscribe to bot events 頁面（如下圖）

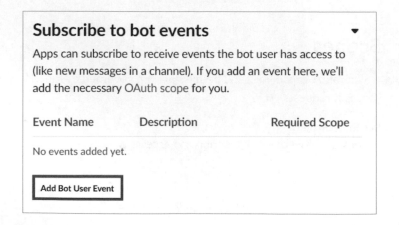

點選「Add Bot User Event」，增加「message.im」，完成後記得要按綠色的 Save Changes

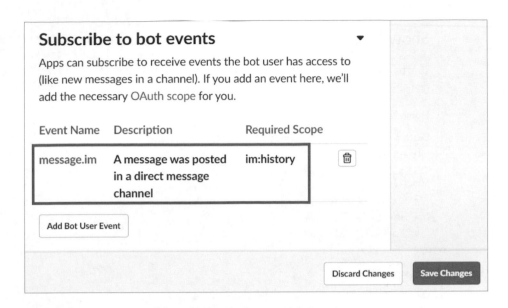

回到 App Home

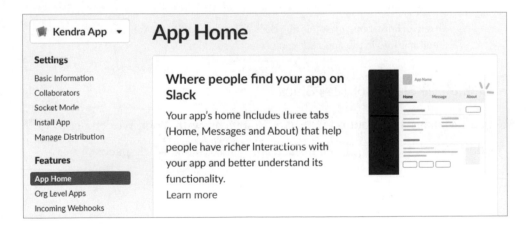

開啟「Messages Tab」，並勾選「Allow users to send Slash commands and messages from the messages tab」（如下圖）

➥ 步驟 8：將 Slack Bot 加到 Slack

最後到 Manage Distribution 的 Share Your App with Your Workspace，按下「Add to Slack」，將新建立的 Slack App 加到 Slack Workspaces

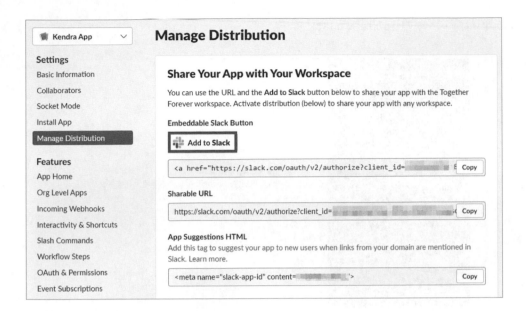

需要同意（允許）

按下允許後，會自動開啟 Slack

剛才新建立的 Lex channel (Kendra App) 就出現了

送出跟測試時一樣的訊息，Kendra 這時的回覆還是一樣

換個問題「whats kendra」，這次 Kendra 給的答案就不一樣了。

3-4-4 整合 Lex V2 與 Slack

整合 Lex V1 + Kendra + Slack 之後，就順便也把 V2 的訂花系統也加進 Slack 比較溫暖，由於 V2 的整合介面跟 V1 不一樣，就來看看要怎麼整合 V2 與 Slack

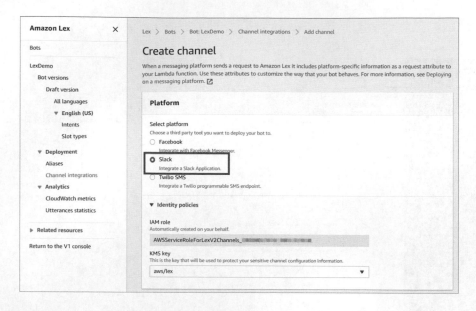

Lex V2 的 Deployment 清單中，也有提供跟其他平台整合的選擇，進到「Channel integrations」就會看到 Facebook、Slack，以及 Twilio SMS。請選擇 Slack：

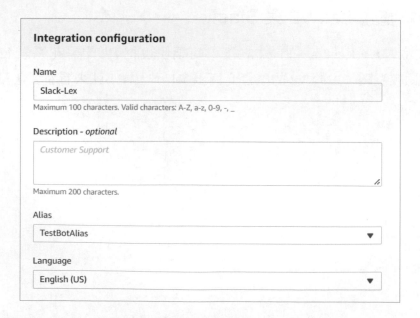

Interation configuration（整合的設定資訊）

1. Name: 請自訂名稱

2. Alias: TestBotAlias 是草稿版本。（建議新增一個 Slack 專用的版本）

3. Language: 所選擇的 Alias 版本有建立哪些語言，就會出現在清單內

接著就是要取得「其他組態」的資訊：

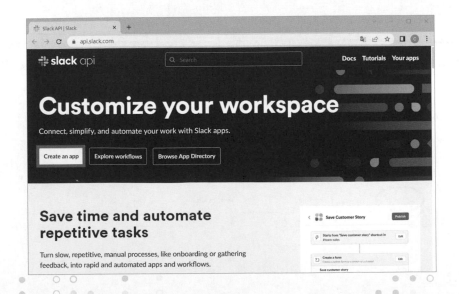

Client ID 相關的組態資訊，就要到 Slack api 專用網站申請。雖然 V1 已經有申請一組，但是一個 Slack api 限定整合一個 Lex，所以就必須再重新申請一個給 V2 使用。

找到「Create an app」（紅色框框），並按下它。之後的申請步驟跟 Lex V1 相同，申請過程中會取得「Client ID」、「Client Secret」、「Verification Token」這三項資料，並貼到 Lex V2 的 Configuration。

除了 Success page URL 欄位（可以留白），完成其他必填項目後，按下 Create

好的,一個 Slack Channel 出現了。(這裡用草稿「TestBotAlias」當 Alias 是「不良示範」,請盡量避免呦~)。點選「Slack-Lex」開啟資訊面板。

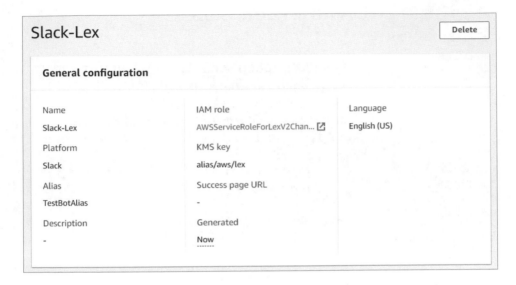

找到 Callback URL,請複製「Endpoint」跟「OAuth endpoint」分別貼到 Slack api 適當的欄位。

開啟 Slack app 的「OAuth & Permissions」

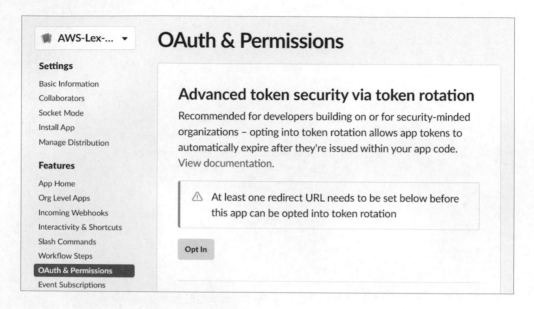

新增一個 Redirect URLs（Add New Redirect URL）

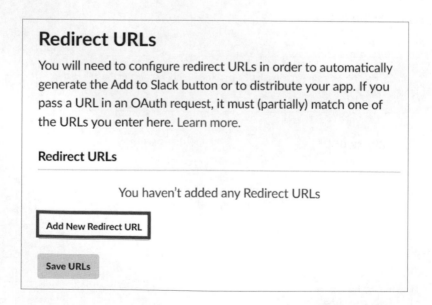

複製 Lex V2 的「OAuth endpoint URL」，貼到這裡，記得要按下最右邊的「Add」

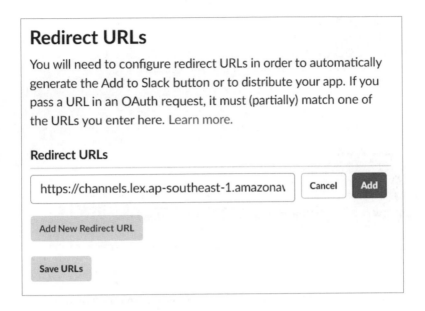

Add 後，記得按「Save URLs」

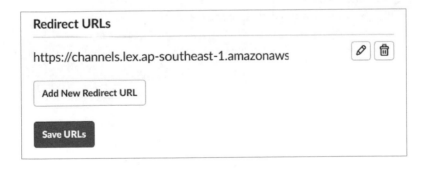

接著到 Bot Token Scopes 增加權限（Add an OAuth Scope）

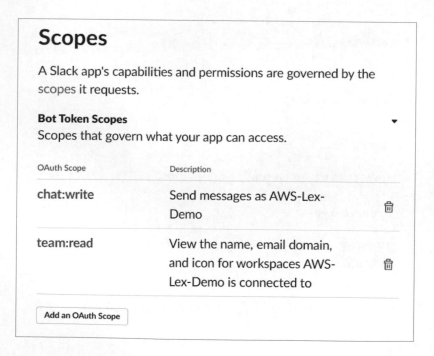

增加「chat:write」&「team:read」兩項（如下圖）

再來就是修改 Interactivity 的 Request URL，請換成 Endpoint URL（記得要按下 Save Changes）。

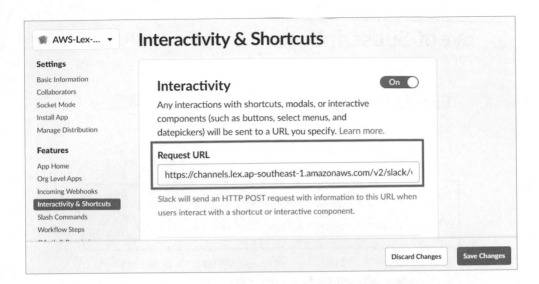

開啟 Event Subscriptions 的 Enable Events（圖中的紅色圈圈）

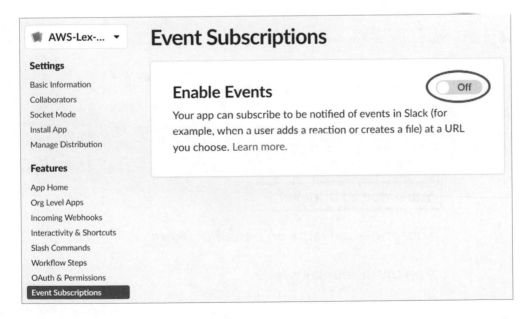

將 Lex V2 的 Endpoint 貼到 Enable Events 底下的欄位（出現 Verified 表示 OK）

繼續處理 Subscribe to bot events

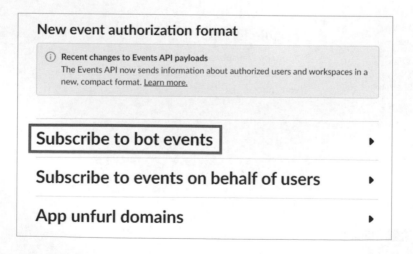

展開 Subscribe to bot events 頁面（如下圖）

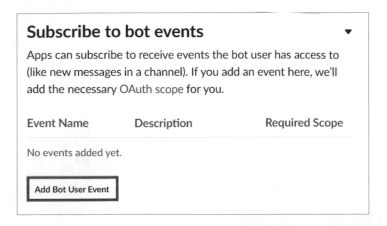

點選「Add Bot User Event」，增加「message.im」，完成後記得要按綠色的 Save Changes

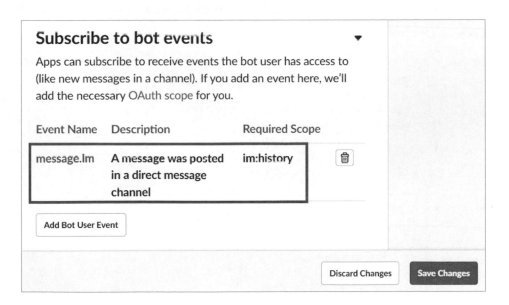

到這裡，就將 Slack app 的設定處理完畢，現在可以將新建立的 Slack App 加到 Slack Workspaces

回到 App Home

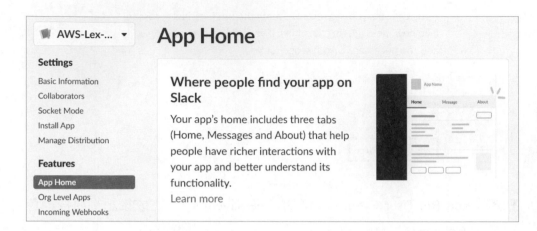

開啟「Messages Tab」，並勾選「Allow users to send Slash commands and messages from the messages tab」（如下圖）

最後到 Manage Distribution 的 Share Your App with Your Workspace，按下「Add to Slack」

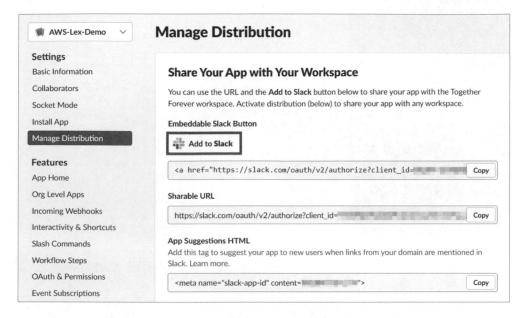

需要同意（允許）

按下允許後，會自動開啟 Slack

剛才新建立的 Lex V2 (AWS-Lex-Demo) 就出現了，試著跟 AWS-Lex-Demo 對話

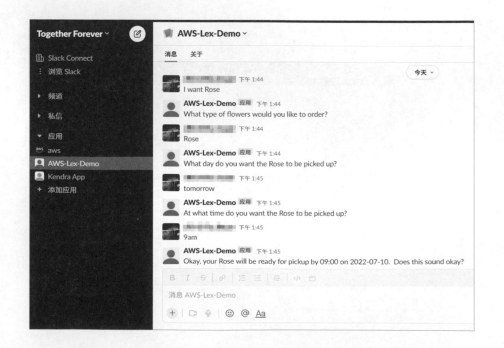

這個 Lex 是「訂購花卉的 Sample」，所以在提到 flower 時，就會自動回覆
「What type of flowers would you like to order?」。對話過程跟在 Lex V2 練
習時是一樣的。

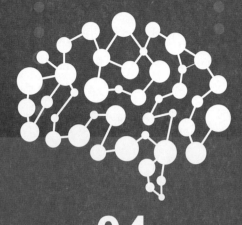

04

Microsoft Azure

4-1 微軟在 AI Chatbot 領域的發展概述

Microsoft Azure 是微軟的公用雲端服務 (Public Cloud Service) 平台，是微軟線上服務 (Microsoft Online Services) 的一部份，自 2008 年開始發展，2010 年 2 月份正式推出，目前全球有 54 座資料中心（以上資料來源：Wikipedia）。至於微軟在 AI 聊天機器人領域的現況，筆者就用幾個產品簡單扼要的說明一下：

4-1-1 Bot Framework Composer & Azure Bot Service

提到 Azure 的聊天機器人，廣為人知的，大概就是行之有年的 Bot Framework 跟 Azure Bot Service.（圖片來源：Azure 官網）

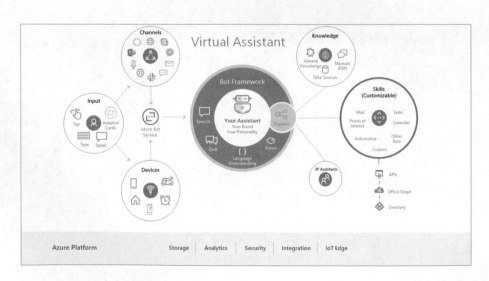

以 Bot Framework 為主軸，核心功能包括 QnA Maker, Language Understanding (LUIS)…等等，還可增加 Knowledge 的功能。Bot Framework Composer 是一項可以下載安裝的軟體，專門用來設計機器人的對話流程。（如下圖）

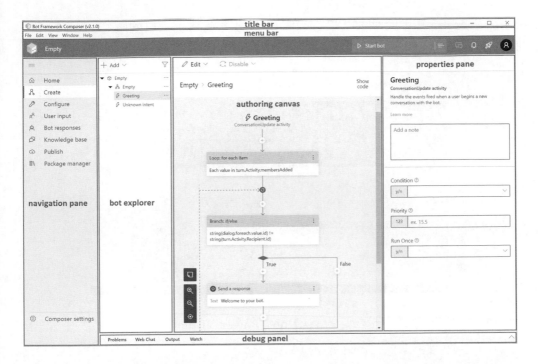

（圖片來源：Azure 官網）

在 Bot Framework Composer 完成作品後，需要有一個外部網站當成聊天機器人的入口網站，Azure 的雲端產品 Azure Bot Service 就可以提供這樣的服務，在 Azure Bot Service 建立並部署一個 Azure Bot 之後，點選「在 Composer 中開啟」

至於「Azure Bot Service」最近有哪些消息，進到產品頁面關心一下（卻看到官網一直在宣傳「Power Virtual Agents」，這…）

微軟這兩年推出企業版的 AI Bot「Power Virtual Agents」（以下簡稱 PVA），並且不遺餘力的在推廣 PVA。

> **使用 Power Virtual Agents 與 Azure Bot Service 組建交談式體驗**
>
> Azure Bot Service 為 Bot 組建提供整合式開發環境。它與完全裝載低程式碼的平台 Power Virtual Agents 的整合，可讓所有技術能力的開發人員組建交談式 AI Bot—不需要程式碼。

恩…我們現在還是在「Azure Bot Service」產品頁面喔…（滿滿的 PVA）。連組建 Bot 應該用 PVA 而不是「Azure Bot Service + Bot Framework」這種話都講出來了～~（唉～都是自己的小孩，何必這樣自相殘殺呢 XD）

> 為什麼我應該開始使用 Power Virtual Agents 而非 Azure Bot Service 和 Bot Framework 來組建 Bot？　∧
>
> Power Virtual Agents 讓融合團隊能夠無縫地組建安全且可擴充的虛擬代理程式。無論是簡單的常見問題或複雜的交談需求，都可使用直覺性的世界級設計工具來加速 Bot 的組建，以同時回應客戶和同事的需求。Power Virtual Agents 支援快速開發，讓製造商可以在無限制的情況下組建，並可選擇讓專業程式碼使用者使用 Azure Bot Framework Composer 建立對話方塊，以擴充複雜性。

讀者們在看完文宣後，心動了嗎？那就到「Power Virtual Agents 官網」繼續看下去吧～

4-1-2 Power Virtual Agents（以下簡稱 PVA）

先對 Power Virtual Agents 有個基本的概念，PVA 目前有兩個主要的功能：

PVA 功能之一：「回應員工需求」。

實際一點的說法，就類似於 AWS 的 Chatbot 功能，Chatbot 可以搭配 Slack 建立一個內部員工共用的監控機器人。而 Slack 目前也是 Microsoft Teams 的主要競爭對手之一，因此，Teams 勢必就會有類似於「AWS Chatbot + Slack」這組合的功能。

補充說明一：

Chatbot 是 AWS 其中一項服務的名稱，與一般認知的 Chatbot 不太一樣，這裡的 AWS Chatbot 性質上算是一個「小工具」，來看看 AWS 官網關於 AWS Chatbot 的定義：

AWS Chatbot 是互動式代理，可輕鬆監控、操作和故障診斷您聊天頻道中的 AWS 工作負載。使用 AWS Chatbot，您可以接收提醒、執行命令，以擷取診斷資訊、設定 AWS 資源和起始工作流程。

補充說明二：

Microsoft Teams 在 2016 年 底 出 現，目 的 就 是 要 取 代「Skype for Business」，一直到 2021 年 7 月微軟關閉 Skype for Business 後，相關功能皆由 Microsoft Teams 接手。團隊成員可以在 Teams 中開啟 PVA，建立聊天機器人回答其他成員提出的問題，甚至是出勤問題等等的人資常見問題也可以請聊天機器人代勞。微軟官網有一個 HR Support Bot 的範例，就是給內部員工使用的。

PVA 功能之二：「回應客戶需求」。

PVA 除了可供「內部」團隊開發用的；也可以建立對外的聊天機器人 App，就是開放給一般的使用者，例如：客服機器人。

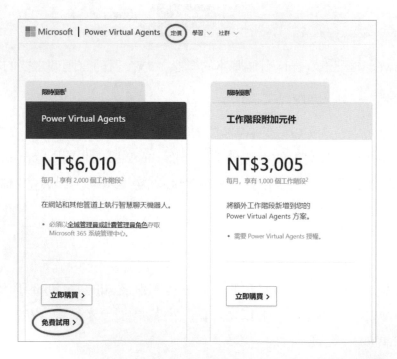

既然是企業用，當然就是需要費用，參考一下 PVA 的定價頁面資訊：「限時優惠價 NT$6,010」，有提供免費試用。免費試用可以連到註冊網頁，註冊成功之後，提醒一件很重要的事情，免費試用期目前只有一個月，但是

期滿可以申請延期,最多 90 天。

雖然可以免費試用,筆者還是建議有心想學習 PVA 的讀者報名微軟官方舉辦 Power Virtual Agents in a Day(PVAIAD)活動。由專業人士帶著學習,遇到問題也有人可以幫忙,而且只需要一天。

Power Virtual Agents in a Day

Learn how to respond rapidly to your customers and employees at scale, using intelligent conversational chatbots. No matter if you are a business expert or IT developer, you will learn to develop intelligent chatbots quickly, in a single day using Power Virtual Agents.

At the end of the day, you will be able to:

- Easily create your own chatbots
- Take action quickly with seamless integrations
- Build smart bots using rich, personalized conversations

This training provides practical hands-on experience with an experienced partner who specializes in creating Power Virtual Agents solutions in a full-day of instructor-led chatbot creation workshop.

(資訊來源:微軟官網)

由於 PVA 比較適合大型企業,或是商業模式較為複雜,建議先評估產生的相關費用,和員工訓練所需要的時間,加總起來所耗費的企業成本,商業規模較小的商家或個人工作室,請斟酌自身情形後再決定是否跳坑。

> 舒安表示:「科技始終來自於人性,最後泯滅人性 XD」

必須要誠實的說,疫情帶來的影響也包括商業行為,也造成眾多企業收入銳減。若是預算不足,或是錢賺的不夠多,就刻苦耐勞點,先拚到業績再來說嗎!?當然不是這樣,聊天機器人早在 PVA 出現之前就存在於這世界,而且微軟在 AI 這領域也不是只有 PVA 這一項產品,還是有其他不錯的選擇,例如:「Azure Cognitive Service」。

4-1-3 Azure Cognitive Service

「Azure cognitive service」的中文稱為「Azure 認知服務」，是以 Azure 雲端平台為基礎的人工智慧 (AI) 服務，可協助您在應用程式中（例如：聊天機器人）建立認知智慧。 它們可作為 REST API、用戶端程式庫 SDK 和使用者介面。 您可以將認知功能新增至您的應用程式，而不需具備 AI 或資料科學技能。認知服務可讓您建立認知解決方案，以查看、聆聽、說出、瞭解，甚至做出決策。（以上資料來源：Azure 官網）

關於 Azure 認知服務的定義，來「抽絲剝繭」過濾一下：

1. 它是 Azure 的一項「AI」服務。

2. 它是用「API」的方式提供服務。

3. 目前的 Azure 認知服務可分為「語音、語言、辨識、決策、OpenAI」。

認識一下「語音、語言、辨識、決策、OpenAI」這幾項功能：

語音服務：

包括「speech to text（語音轉文字）、text to speech（文字轉語音）、speech translation（語音翻譯）、speaker recognition（說話者辨識）」。

簡單介紹一下這幾項功能：

有看過家中長輩（別人家的也可以 XD）怎麼傳文字訊息嗎？「按下 Mic」（不是錄音喔！），就能將說出來的話轉成文字，這就是最標準的「speech to text」。

至於「text to speech」，無法想像的話，請拿起手機輸入一段文字，讓 Siri 或 Google 小姐唸出來，這就是「text to speech」。

Speech translation 是「語言翻譯 APP」的必備功能，尤其自助旅行迷路時，直接開啟「即時語音翻譯」功能，就不用時常上演比手畫腳的尷尬場面。

最後一個「Speaker recognition」，就…「聽聲辨人」，例如：會議記錄的逐字稿，就可以使用這項功能，將每一句話的前方都加上發言的對象。

語言服務：

包括「Identify entities（實體辨識）、Analyze sentiment（情緒分析）、question answering（問題解答）、conversational language understanding（語言理解）、translator（翻譯工具）」。

這幾項功能在聊天機器人都很常見。「Identify Entities」是用來找出關鍵字或是常用詞彙。「情緒分析」可以偵測文字中的情緒。「question answering」就是新版的 QnA Maker

▶ 溫馨小提醒

由於微軟宣布即將停止 QnA Maker 的服務，如果讀者已經有使用 QnA Maker 建立 FAQ 專案，機器人目前也還在服役的話，請記得將專案移轉到 question answering 服務喔。

至於 conversational language understanding（簡稱 CLU），其實就是下一代的 Language Understanding（簡稱 LUIS）。CLU 官網也有提供 CLU 的案例 Sample：（圖片來源：CLU 官網）

探索 Conversational Language Understanding 案例

建置企業級交談式聊天機器人

這個參考架構描述如何使用 Azure Bot Services 架構，建置企業級的交談 Bot (聊天機器人)。

商務聊天機器人

結合 Azure Bot Service 和 Conversational Language Understanding，開發人員可建立各種案例的對話介面，例如銀行業、旅遊業和娛樂業。

「translator」，例如：常用的網頁中翻英或是英翻中。（圖片說明：微軟瀏覽器就有 translator 的功能）

辨識服務：

例如：影像分析功能「Computer Vision」、人臉辨識。

決策功能：

可提早找出問題或是不應出現的內容，也能為每位使用者建立個人體驗。

OpenAI 服務：

Azure OpenAI 服務提供對於 OpenAI 語言模型的 REST API 存取，包括 GPT-3、Codex 和 Embeddings 模型系列。由於使用上須遵守「Microsoft 負責任 AI 使用準則」，需先申請存取權才能使用。

補充說明：

Azure cognitive service 有提到 Conversational Language Understanding

（以下簡稱 CLU）官網有提供 CLU 的案例 Sample，現在就來瞧瞧。

案例 1：建置企業級交談式聊天機器人

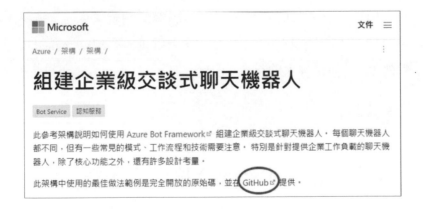

官網的這份「組建企業級交談式聊天機器人」的資料，使用的範例跟 CLU 的案例是一樣的。要留意的是，就是這份文件已經有 4 年未更新。

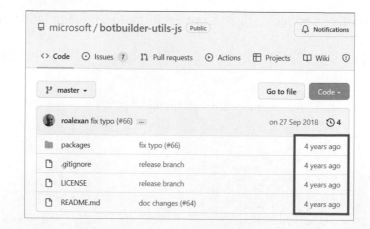

「未更新」表示目前還在使用。如果看到微軟官方的部分文件直接表明不再維護時，可能就是終止服務的「預告」，例如：「LUIS 的 Commerce Bot 文件」就會看到這句話：

> ⚠ 我們不會再定期更新此內容。

這時候的實用性就會大大的降低，畢竟從商業的角度來看，誰會希望耗費大量的人力物力才開發成功的機器人，隔天就走入「歷史」呢！？再接著來看「案例 2」：商務聊天機器人

官網文件名稱是「適用於客戶服務的商務聊天機器人」。資料中也明確指出案例的適用對象為：「銀行與財務」、「旅遊和旅行」、「娛樂商務及零售業」。（官網資料相當詳細，也有提供課程模組，有需要的讀者可以到 Azure 官網選擇自己需要的系列做完整的學習）。

4-2 透過 LUIS 認識 AI Chatbot 的兩項標配：Intent 和 Entity

Language Understanding (LUIS) 是一種雲端交談式 AI 服務，可將自訂機器學習智慧套用至使用者的對話、自然語言文字中，以預測整體意義，並找出相關的詳細資訊。LUIS 會將資料以加密方式儲存在與金鑰所指定區域對應的 Azure 資料存放區中。用來訓練模型的資料 (例如實體、意圖和語句) 將會在應用程式的存留期儲存在 LUIS 中。如果擁有者或參與者刪除應用程式，此資料也會與該應用程式一起刪除。如果 90 天內未使用應用程式，則會將其刪除。（參考資料來源：微軟官網文件）

進到 LUIS 官網了解它的工作方式。

直接建立一個 LUIS。新建立的 LUIS 沒有任何的 Conversation apps，點選「+ New app」建立。

會出現「Create new app」的建立畫面，請完成必填欄位後，再點選底下的「Done」。

必填的 Create new app 欄位說明：

1. Name 是自訂的 app 名稱

2. Culture 的意思類似「語言」，這裡我選擇的是「Chinese」，雖然是簡體中文，不過還是比 English 接近繁體中文。

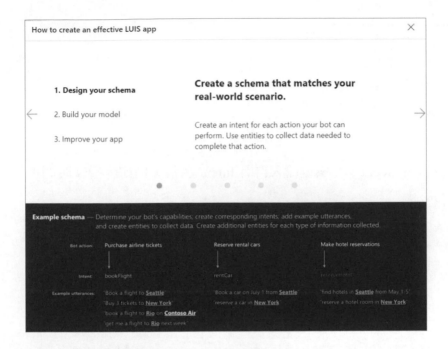

按下 Done 之後會跳出這個「How to create an effective LUIS app」的教學畫面。選擇右上的「X」關閉這個說明視窗。進入 LUIS 的操作介面：

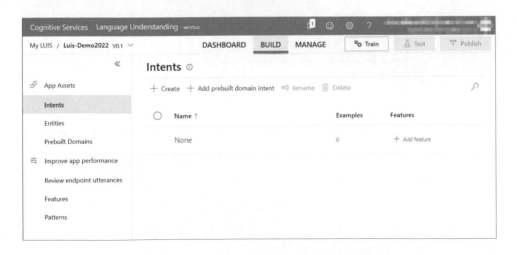

左邊的功能列又出現「Intents」和「Entities」了，走到哪都可以看到這一對，形影不離耶～（Intents 和 Entities 是 AI Chatbot 的標配，相當重要！！）先從 Intents 開始認識 LUIS，點選「＋Create」建立新的 Intent

Create new intent，在欄位輸入自訂 Intent 名稱（例如：營業時間）後，按下 Done

繼續完成「營業時間」Intent 的設定。在「Examples」的「Example user input」先輸入幾個相關問題（例如：圖片紅色框框的句子），輸入完畢，記得要按下 Enter 送出喔！

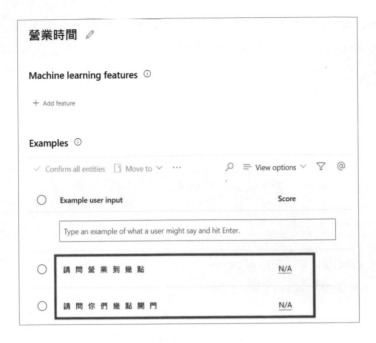

再新增第二個 Intent：「商家位置」，作法同上。（Example user input 也要輸入喔）

回到 Intents 頁面，除了剛才新增兩個 Intents，還有一個「None」，這是 LUIS 預設的 Intent，不過 None 裡面的設定是空白的，得先處理一下。

開啟 None 的設定，在「Example user input」欄位輸入與「營業時間」和「商家位置」不相關的用語，例如：你好，Hi⋯

完成後，先做個測試，測試前要先經過「Train」這個步驟。（「Train」完成後，旁邊的「Test」才能使用）

Train 完成後，請點選「Test」開啟測試面板，在訊息欄位「Type a test utterance…」輸入測試訊息

Test ✕

Start over   Batch testing panel

Type a test utterance ...

例如：「營業到幾點呢、請問地址、你好」…等等

Test ✕

Start over   Batch testing panel

Type a test utterance ...

營業到幾點呢

營業時間 (0.739)   Inspect

請問地址

商家位置 (0.911)   Inspect

你好

None (0.976)   Inspect

這幾句 utterance 的底下會出現「營業時間 (0.739)」、「商家位置 (0.911)」、「None(0.976)」，這是 LUIS 經由自我學習 (Train) 後，在判斷使用者是哪個 Intent 時給出的信賴分數，這個分數的值介於 1 跟 0 之間，值愈接近 1 的答案會優先回覆給使用者。若要重新開始測試對話，請選擇 Test 下方的「Start over」。繼續完成這個 LUIS…

加入 Entities 功能

進到 Entities 的設定，點選「+Create」

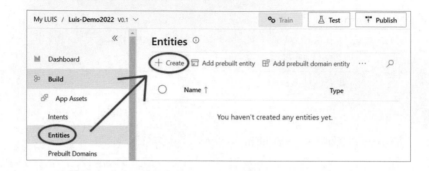

自訂 Entities 名稱（紅色框線內），Type 選擇「Machine learned」（Example 的地方會有這項 Type 的說明）。

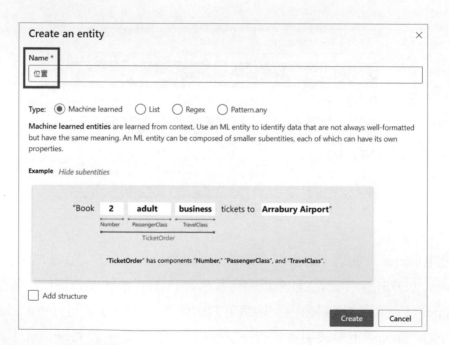

完成後，Train&Test

回到Intent來看看增加Entities後會有什麼改變。開啟Intents的「商家位置」頁面，在「Example user input」的地方輸入「請問台中店的位置」，看看LUIS的反應如何～

答案是：「沒反應」。（舒安表示：真是太不給面子了XD）

沒關係，還有人工補救法，手動處理。

4-21

將「台中店」這三個字用手動的方式 tag「位置」（就是剛才在 Entity 建立的），可以參考圖片的做法。

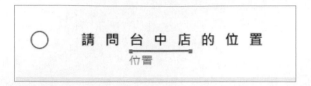

重複相同步驟，新增一個「工作日」的 Entity：這次的 Type 請選擇「List」。（從 Examples 的文字說明可以知道 LUIS 的 List entities 處理方式是需自行列出所有的 items。）

Create an entity ✕

Name *

工作日

Type: ◯ Machine learned   ◉ List   ◯ Regex   ◯ Pattern.any

List entities represent a fixed, closed set of related words along with their synonyms. A list entity is not machine-learned. It is an exact text match. LUIS marks any match to an item in any list as an entity in the response.

Example

"Book   **2**   **adult**   **business**   tickets to   **Arrabury Airport**"
                                                                              airport

    "airport" includes: AAA = {"Ana Airport", "AAA"}, AAB = {"Arrabury Airport", "AAB"} ...

              Create   Cancel

左邊的空格填入「正確用詞」，右邊的空格填入「相似的用語」。

完成後的參考圖

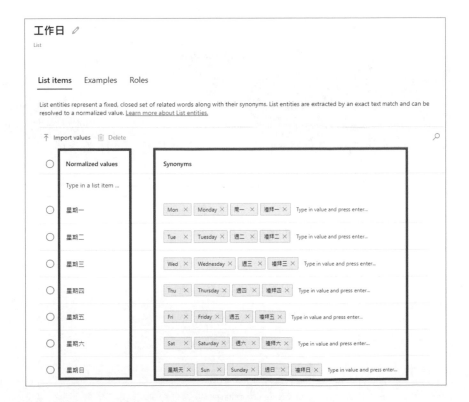

回到 Intent 開啟「營業時間」的設定頁面，試著在「Example user input」輸入一些詞句

選擇營業時間

由於剛才的「台中店」沒有被 LUIS 認出，這次先用點小技巧 XD

點選「+ Add feature」增加「@ 工作日」（如下圖）

增加 ML features 之後，在「Example user input」欄位輸入「請問週六有營業嗎？」

營業時間 ✎

Machine learning features ⓘ

@ 工作日 ✕   + Add feature

Examples ⓘ

✓ Confirm all entities   ⊟ Move to ⌄   🗑 Delete   ⋯   🔍   ☰ View options   ▽   @

○ Example user input	Score
請問週六有營業嗎	
○ 請 問 營 業 到 幾 點	0.981
○ 請 問 你 們 幾 點 開 門	0.955

這次送出後，LUIS 就會知道「週六」是「工作日 Entity」，並且在下方標記。

○ Example user input	Score
Type an example of what a user might say and hit Enter.	
○ 請 問 週 六 有 營 業 嗎 　　　工作日	0.932
○ 請 問 營 業 到 幾 點	0.981
○ 請 問 你 們 幾 點 開 門	0.955

別忘記要 Train&Test 呦～

▶ 溫馨小提醒

Intent 及 Entity 是 LUIS 的核心功能，其實不只是 LUIS 會用到這兩項功能，從一開始 Google 的 Dialogflow 到 Amazon 的 Lex，都看的到 Intent 跟 Entity 這兩個標配。所以結論是⋯想學好 AI Chatbot，就必須熟練 Intent 及 Entity 的用法，因為不管選擇哪個雲端平台，都會遇到 XD

4-3 2022 年的新功能：問題解答（Qustion and Answer）

4-3-1 簡介

取代 QnA Maker 的「Question-answering」（問題解答）服務

> 舒安表示：
> 計畫永遠趕不上變化，變化永遠趕不上每年 5 月開發者大會的更新

QnA Maker 是個好用又方便的工具，尤其是它的 KB 功能，使用起來相當的人性化，但是在今年的開發者大會落幕後，QnA Maker 官網就宣布從 2022 年 10 月 1 日開始，無法再建立新的 QnA Maker，並且在 2025 年 3 月 31 日終止 QnA Maker 服務。

現在要建立 QnA Maker，就會發現多了底下的這段文字⋯

建立 ...
QnA Maker

基本　標籤　檢閱 + 建立

QnA Maker 是在雲端執行的 API 服務，可讓您依據現有的資料，建立交談式問與答層。您可使用此服務從半結構化內容 (包括問與答、手冊及文件) 中，擷取問題與回答來建置知識庫。自動從知識庫的問與答中擷取最佳回答來回答使用者的問題。因為知識庫會不斷地從使用者的行為學習，所以會愈來愈聰明。 深入了解 ↗

ℹ️ QnA Maker 服務將於 2025 年 3 月 31 日終止。此功能的較新版本現已成為適用於語言的 Azure 認知服務，稱為問題解答。若要使用此服務，您需要佈建一個語言資源。有關語言服務內的問題解答功能，請參閱問題解答及其定價頁面。自 2022 年 10 月 1 日起，您將無法建立任何新的 QnA Maker 資源。有關將現有的 QnA Maker 知識庫移轉到問題解答的資訊，請參閱移轉指南。

取而代之的是「Question-answering」（官方的中文翻譯是「問題解答」，以下用中文稱呼）。

那到底什麼是「問題解答」呢？這麼抽象的問題還是有請 Azure 為大家解釋 XD

Azure / 認知服務 /

什麼是問題解答？

發行項・2022/06/10・5 位參與者

問題解答是一項雲端式自然語言處理 (NLP)，可讓您透過您的資料建立自然對話層。其用來從資訊的自訂知識庫 (KB) 為任何輸入尋找最適當的答案。

問題解答通常用來建置交談式用戶端應用程式，其中包括社交媒體應用程式、聊天機器人，以及具備語音功能的傳統型應用程式。其新增了幾項新功能 (包括使用深度學習排名工具、精確的答案，以及端對端區域支援) 來增強相關性。

問題解答包含兩項功能：

- 自訂問題解答：使用這項功能，使用者可以自訂從內容來源擷取的編輯問題和答案組、定義同義字和中繼資料、接受問題建議等不同層面。
- 預先建置的問題解答：這項功能可讓使用者透過查詢文欄位落來取得回應，而不需要管理知識庫。

一言以蔽之，就是具有雲端 NLP 功能的「FAQ」

為什麼我應該使用 Azure Cognitive Service for Language 的問題解答功能,而非使用 QnA Maker? ∧

問題解答引進了數項新功能,包括使用深度學習排名工具增強相關性、支援非結構化文件作為資料來源、產生精確答案的能力,以及端對端區域支援。

▶ **溫馨小提醒**

如果您的 QnA Maker 已經上線,是可以移轉到「問題解答」繼續使用的,但是須注意專案名稱不能相同(如果相同會覆蓋舊的),關於專案轉移的細節請再參閱官網說明。

4-3-2 實作練習

既然「問題解答」是新產品,就來練習一下如何使用吧~

使用過 QnA Maker 的話,應該會對它的「KB」跟「Chit-Chat」有印象,這兩個產品在「問題解答」中還是有繼續提供服務。這次的目標是要使用「問題解答」建立一個 FAQ

 **練習開始** ➡

進入 Language Studio https://language.cognitive.azure.com/

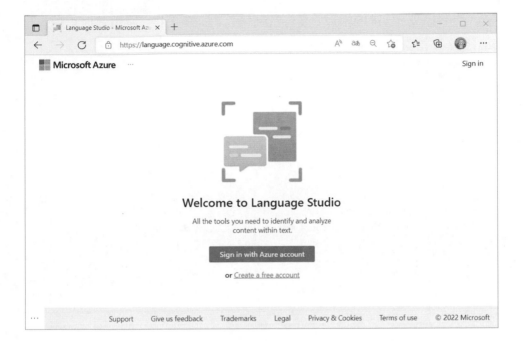

（Language Studio 就是 Azure Cognitive Service for Language 的服務網站）

登入 (Sign in with Azure account) 或建立帳號 (Create account)

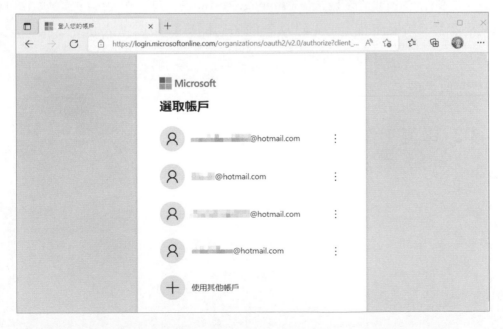

選擇「登入」後，請選取帳戶（沒有看到適合的，請選擇「使用其他帳戶」），
選取後就會直接跳轉到這個畫面

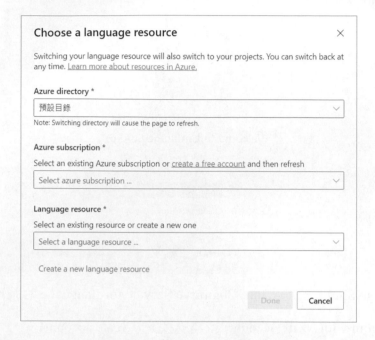

這裡先暫停一下，請先檢查「Language resource」底下是否有可以使用的
語言資源，如果沒有，請先建立一個，另開分頁視窗進入 https://aka.ms/
create-language-resource。

請先完成準備工作後，再繼續。

4-3-3 準備工作 1 – 建立帳號

按下「開始免費使用」

「開始免費使用」:建立 Azure 帳戶

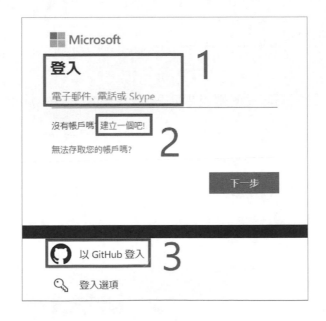

說明

1. 已經有帳號，從這裡登入

2. 建立帳號

3. 也可以使用 GitHub 帳號

建立新帳戶（有帳號者＆使用 GitHub 可以跳過這部分）

選擇 hotmail 或是 outlook 的帳號？下一步

輸入自訂密碼？下一步

下一步

填寫完「設定檔」所需的個人資訊後，按「下一步」，直到完成整個建立
帳號流程後，最後按下「註冊」。

按下「前往 Azure 入口網站」

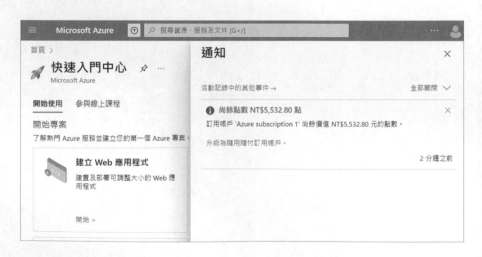

新手上路的免費額度是 NT$5532.80 點，點數用完或經過免費期限（目前是
「1 個月」），就必須要升級為「隨用隨付訂用帳戶」，才能繼續用同一個
帳號使用 Azure 的服務。

4-3-4 準備工作 2 – 建立語言資源

請進到「語言資源」的頁面（https://aka.ms/create-language-resource）

請「選取」畫面中間的兩項自訂功能「自訂問題解答」以及「自訂文字分類和自訂命名實體辨識」。

（選取後，圓圈的顏色會是綠色，如下圖）

選取後，繼續建立資源，請點選「繼續建立您的資源」

繼續建立您的資源

建立語言 ...

基本　網路　Identity　標籤　檢閱 + 建立

使用先進的自然語言處理，可從非結構化文字中獲得見解。使用情感分析可找出客戶對品牌的看法。使用關鍵片語擷取可尋找與主題相關的片語，同時以語言偵測來識別文字的語言。使用具名實體辨識可偵測文字中的實體並加以分類。

深入了解

專案詳細資料

訂用帳戶 * ⓘ　　　　　Azure subscription 1 ∨

└── 資源群組 * ⓘ　　　∨

新建

執行個體詳細資料

區域 ⓘ　　　　　East US ∨

名稱 * ⓘ

定價層 * ⓘ　∨

檢閱 + 建立　　< 上一步　　下一步：網路 >

如果沒有資源群組，可以在這裡直接新增，點一下「新建」就會出現

新建

資源群組是能夠存放 Azure 解決方案相關資源的容器。

名稱 *

確定　　取消

輸入自訂名稱後，按下「確定」

請完成必要項目後，「驗證」。

驗證成功，請檢查基本資訊。確認無誤後，「建立」。

接著請耐心等候，建立成功後，會出現「部署完成」的通知

4-3-5 FAQ 練習

完成前兩項準備工作後,就可以回來 Language Studio

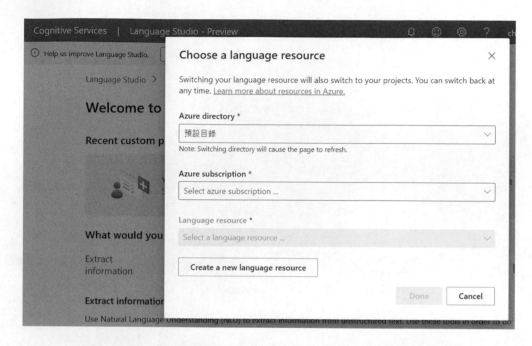

這時候「預設目錄、訂閱帳戶、語言資源」等等的必選欄位清單內,就會出現選項,選好後,請按右下的 Done

這是語言工作室（Language Studio）的首頁，所有的相關服務都可以在這裡看到

在 Language Studio 的「新建」清單內有 5 個選項，請選擇「自定義問答」(Custom text classification).

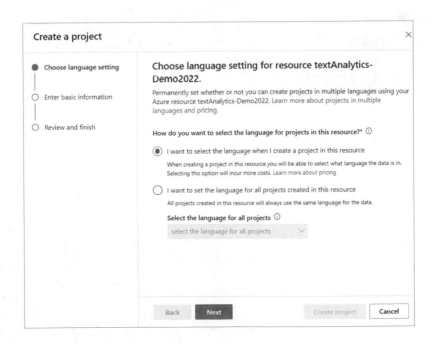

Choose language setting:

選擇下方的選項，可選擇的語言版本有提供「繁體中文」。

請完成必填的欄位，按「下一個」到「Review and finish」步驟。

沒有問題的話就「創建專案」

Add source

選擇「檔」（就是「檔案」，英文 file）請注意檔案格式和 Dialogflow 以及
Kendra 一樣都是有限制的。如果已經有自己的 FAQ 網頁，就可以選擇新增
「網址」的方式。這次就用麥當當的官方 FAQ 網頁做一個麥當當歡樂送的
FAQ，請選擇增加「網址」的方式

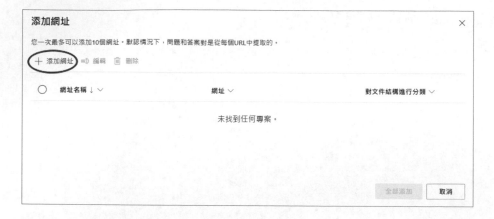

添加網址

自訂網址名稱，將 URL 貼到網址欄

勾選後，「全部添加」

選擇「編輯知識庫」（左邊的功能列）

測試

請在「右下的欄位」輸入文字

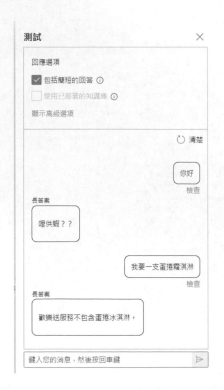

由於這個 FAQ 只有匯入網站的內容，如果使用者的問題找不到跟網站內容相關的話，就會回覆自訂的用語，圖片中的「哩供蝦??」就是這種情形。

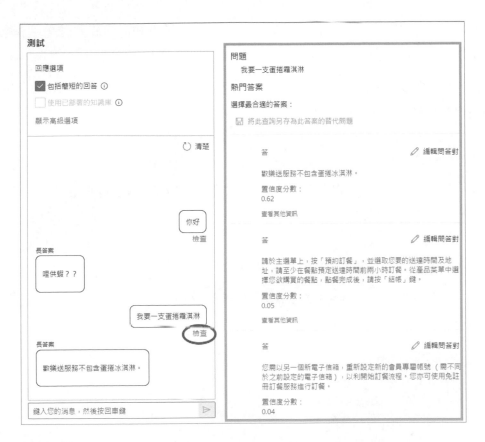

第二組對話的答案是怎麼找到的呢？按下「檢查」就知道了

右邊的綠色方框裡面有 3 組答案，這 3 組是依照「置信度分數」由高到低，丟出分數最高的給使用者。

4-3-6 Chit-chat 練習

繁體中文版在建立 FAQ 的過程中，會發現無法使用 Chit-chat，也就是「閒聊」，這項功能到底是什麼？等等就來實際的操作一次。

商用的聊天機器人要增加寒暄的答覆，至少使用者在打招呼時，都要有互動，甚至是人類慣用的場面話，也可以，這樣的設計會讓使用者體驗比較好。

自行增加 QnA 對話時，腦中除了 Hi, Hello 實在是不知道該說些什麼，但諸如此類的回覆，使用者看多了，真的會讓感到索然無味。

此時可以先建立 Chit-chat 功能，再將自己的 FAQ 檔案匯入，測試後如果沒有什麼大問題，就可以直接上線作業了，相當的方便！

> 舒安表示：
>
> 就是 Azure 版的 Small Talk 啦～只是這個 Chit-chat 會多國語言，CX 的 Small Talk 只會英文 XD

➥ 建立步驟 1.

由於繁體中文無法選擇 Chit-chat 功能，所以得回到「語言工作室」的首頁重新再建立一個「問題解答」（一樣是選第 3 個）

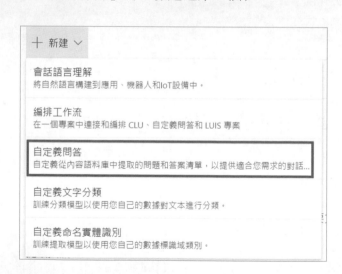

以下僅就需注意的地方，特別說明。

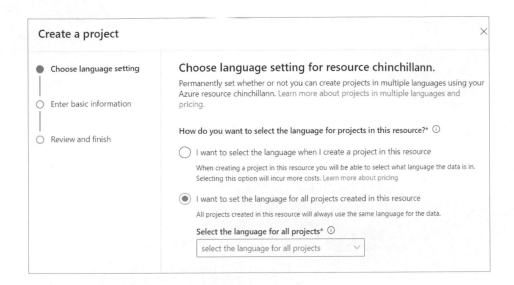

Select the language for all projects

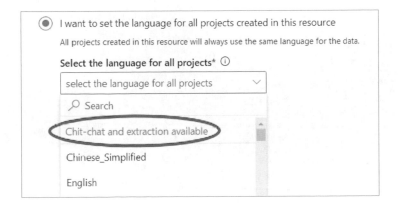

這次請選擇有「提供閒聊和提取」功能的語言，例如：Chinese_Simplified（簡體中文）、English（英語）

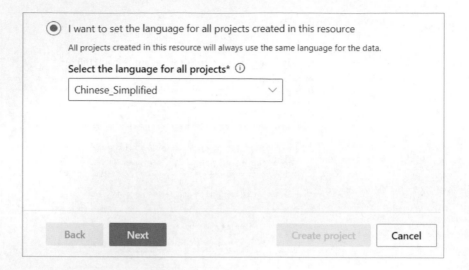

Next

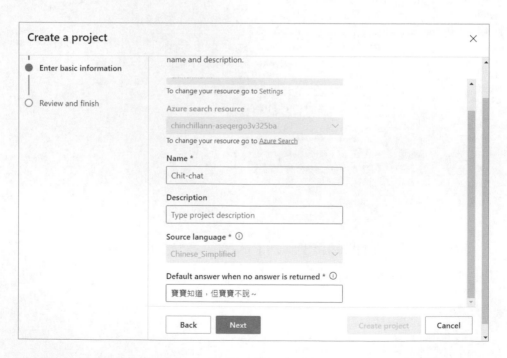

紅色星號是必填欄位，包括：

1. Name（自訂名稱）、

2. Source language 是無法更改的、

3. Default answer when no answer is returned（通常是因為資料的「信賴分數」都低於預設值，導致無話可說，這時候要禮貌地告知使用者，以免使用者等回覆等到天荒地老 XD）

完成後，「Next」

檢查資料是否有誤，確認 OK 後，按下「Create project」

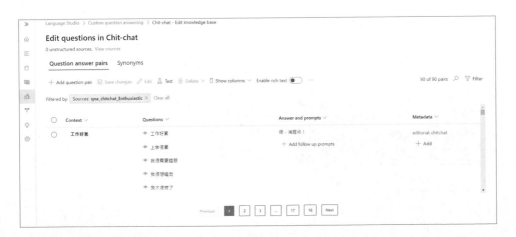

「Test」

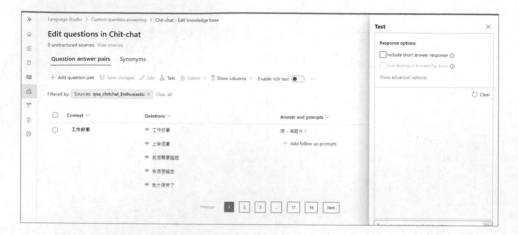

請在右邊 Test 底下的訊息欄位，輸入文字

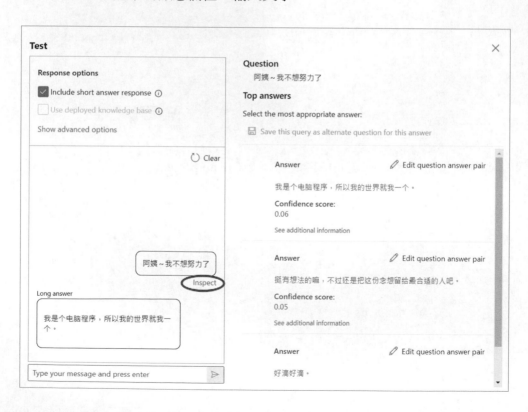

送出文字訊息後，會看到訊息下方有個「Inspect」，按下就會看到圖片右邊的相關資訊。

Chit-chat 根據 Confidence Score 篩選出分數最高的 3 個答案，從圖片中可以知道除了「我是個電腦程序，所以我的世界就我一個」之外，還有「好滴好滴」及「挺有想法的嘛，不過還是把這份想念留給最合適的人吧」。

當使用者提出「阿姨～我不想努力了」這種要求，估計只是「來亂的」，這時後將回覆句改成「好滴好滴」比較能引起使用者的共鳴，也就有機會進一步讓使用者變成「鐵粉」。

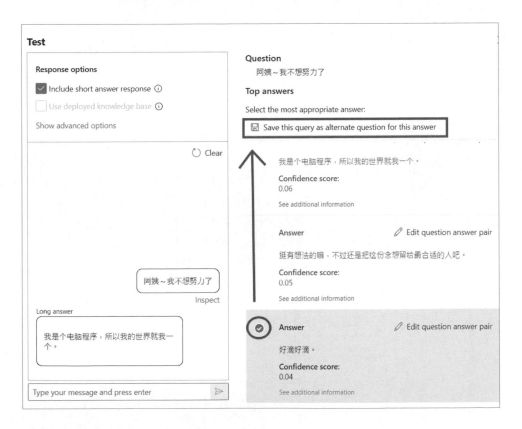

勾選「好滴好滴」，上方的「Save this query as altermate question for this answer」功能就能使用，請按一下（儲存）。

Save 後，會看到左邊出現一行字（黃底），提醒記得還要按「Save change」

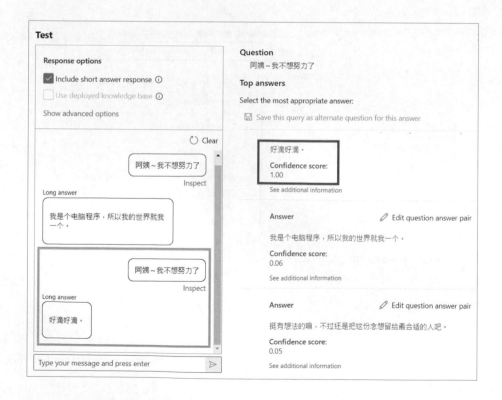

兩個 Save 後，再說一次「阿姨～我不想努力了」，並開啟 Inspect

就會發現經過「人為操作」的「好滴好滴」，分數是 1.00，也就是 Chit-chat 認為這絕對是正確答案。

這也是 AI Chatbot 跟傳統 Chatbot 不一樣的地方，AI 可以透過不斷訓練跟自我學習而成長（但是傳統 Chatbot 必須「靠人」），正如同「脫稿玩家」中的主角 NPC，最後出現「自我意識」。

所以結論是：

沒事就多跟 Chit-chat 聊天，最後它就會為了你，從電腦螢幕爬出來⋯

05

LINE

5-1 LINE 官方的客服小幫手

在 Dialogflow CX 的 Integration 出現的 LINE，本身就可以單獨使用，並且有自家的平台，生活在台灣的讀者應該都對 LINE 機器人或是官方帳號不陌生。如果您只是想要一個簡單的小幫手，首選應該還是 LINE 機器人。現在就來看看 LINE 自己的 Ai Chatbot：「Line 客服小幫手」

溫馨小提醒

如何建立 LINE 開發者帳號，以及如何進入 LINE Console 的準備工作，都是在 Dialogflow CX 的 Integration，有需要的讀者可以先了解後，再回來繼續學習。

一開始之前，先加個好友，體會一下 Line 自家的 Ai Chatbot

就會看到 Line 客服小幫手的官方帳號，掃個 QR CODE 開始互動吧！

這是加入好友後的畫面，請選擇
「聊天」，開啟對話視窗。

這是 Android 手機的畫面。

底下的「查看更多幫助」只會出現在手機介面，因此建議用手機開啟 Line
客服小幫手。「查看更多幫助」這功能有個專有名詞「Richmenu」，中文
是「圖文選單」。

上圖中是「舊版」的 Richmenu，之所以會說是「舊版」是因為 LINE 在 2021 年的 6 月更新 API，推出新版的「Richmenu Switch」。新舊版本到底有什麼差別呢？如果您現在開啟 LINE 客服小幫手的圖文選單，就會發現它變成這樣：

多了「LINE 使用指南」及「更多熱門服務」的選擇。

三張圖片放在一起，能看出差別嗎！？

筆者認為一個理想的圖文選單頁面選項放 4 個就好（也比較不容易點錯），但是舊版時代的圖文選單都極盡所能的塞好塞滿（有時反而會造成反效果），由於官方提供的 Samples 最多就是「6 個選項」，廣為使用之後，就變成現在的通用版本。

新版圖文選單使用「書籤分頁功能」，商家可以盡可能地加入自家資訊，增加曝光度之外，也提高 LINE 官方帳號的便利性。因此新版的圖文選單不僅僅是追求新潮跟時尚而已，它其實是在解決「資訊量太大，但空間不足」的問題。

不過要提醒大家，目前的「LINE Official Account Manager」僅提供舊版圖文選單的服務；想要使用新版還是得透過 Richment Switch API。圖文選單的部分最後再補充說明，現在還是先回來 LINE 客服小幫手。

選擇「常見問題」

先問個問題，這個訊息格式是「圖文訊息」還是「多頁訊息」？答案是「多頁訊息」，（雖然它只有一頁 XD）。所謂的圖文訊息，有請 KFC 展示一下

懂了嗎？圖文訊息就是一張可以開啟外部連結的圖片。這兩個功能在「LINE Official Account Manager」都有，分不出來沒關係，知道怎麼用比較重要。

常見問題：

常見問題就是 FAQ （之前的雲端平台也都有提供這服務）。倘若對於要怎麼設計自己的商用聊天機器人完全沒想法的話，就把使用者跟客戶問過或是可能會問的問題都加進預設的回覆訊息，基本的 FAQ 功能就具備了。

繼續跟小幫手對話:

除了預設功能,不妨輸入些自訂訊息,有時會有意外發現 XD

傳個貼圖試試~

來亂的 XD

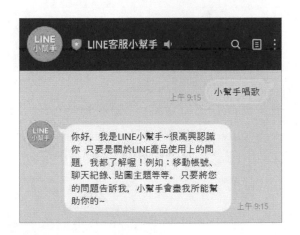

實際使用 Line 客服小幫手後,或許您會覺得好像跟其他官方帳號的客服功能差異不大,但實際上,Line 客服小幫手是建構在 Line Clova, 與坊間多數的 Line Chatbot 是不一樣的。

5-2 LINE 的 Channels 有哪些

在 Dialogflow 的 CX 曾經建立一個 Messenging API channel 當成 Integration 的外部 Channel。進到 LINE Developer Console 時，會看到的幾個服務：

1. LINE Login

2. Messaging API

3. CLOVA（目前只有日本地區可以用）

4. Blockchain Service

5. LINE MINI（尚未開放使用）

「Line 客服小幫手」就是用 CLOVA，不過 CLOVA 的服務僅能在日本地區使用 (The service is only available in Japanese.)，而且僅提供英文及日文版本，未來可能會推出中文版，有興趣可以多加關注 CLOVA 官網的消息 https://developers.line.biz/zh-hant/services/line-clova/

與本書比較有關的，除了 Line 客服小幫手之外，就是 Messaging API Channel 裡面的「AI 自動回應功能」。

5-3 LINE 的 AI 自動回應訊息功能

請開啟在 Dialogflow CX 建立的 Messaging API Channel（或是重新建立一個，會更熟練操作流程呦）。

回 到 CX 有 用 到 的「Webhook settings」，底 下「LINE Official Account features」的「綠色 Edit」可以開啟「LINE Official Account Manager」（以下簡稱「LINE OA」）頁面。

請先將這個網頁加入「書籤」或「我的最愛」，下次登入後就可以直接開啟。預設畫面會是在帳號設定（因為與剛才 LINE Developer Console 有關的功能變更設定就在這裡）

請注意到右上角的回應模式：「聊天機器人」，現在請選擇圖片中另一個紅色圈圈「聊天」

就會看到「聊天」頁面出現這個畫面（如上圖），如果要切換模式可以進到「設定回應模式」更改成「聊天」模式。

溫馨小提醒

回應模式的聊天跟聊天機器人是「無法同時開啟」的，這點很重要，請先記住。

請選擇最左邊的「主頁」

請設定所在國家或地區

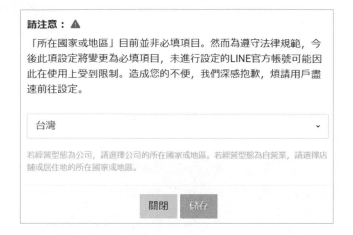

選好後，儲存。

由於坊間已經有相當豐富的 LINE OA 新手教學書籍，若有需要，可以再自行進修，本書僅講解 AI Chatbot 相關的部分。

左邊的清單列請選擇「自動回應訊息」的「AI 自動回應訊息」

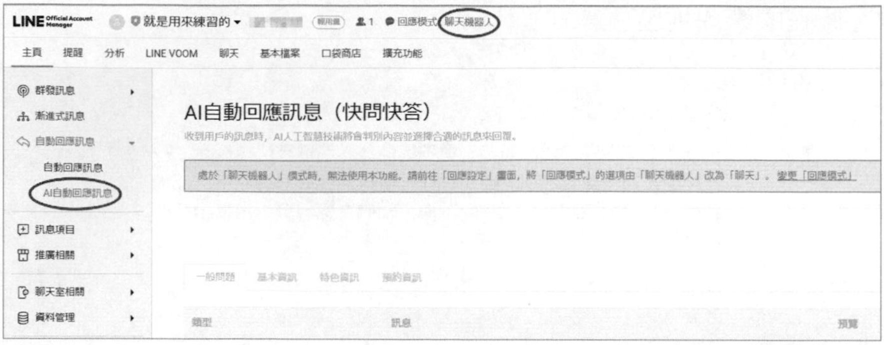

剛才若未切換「回應模式」，進到 AI 自動回應訊息時，就會看到綠色這一行。開啟「聊天模式」後，下方的功能就能使用。

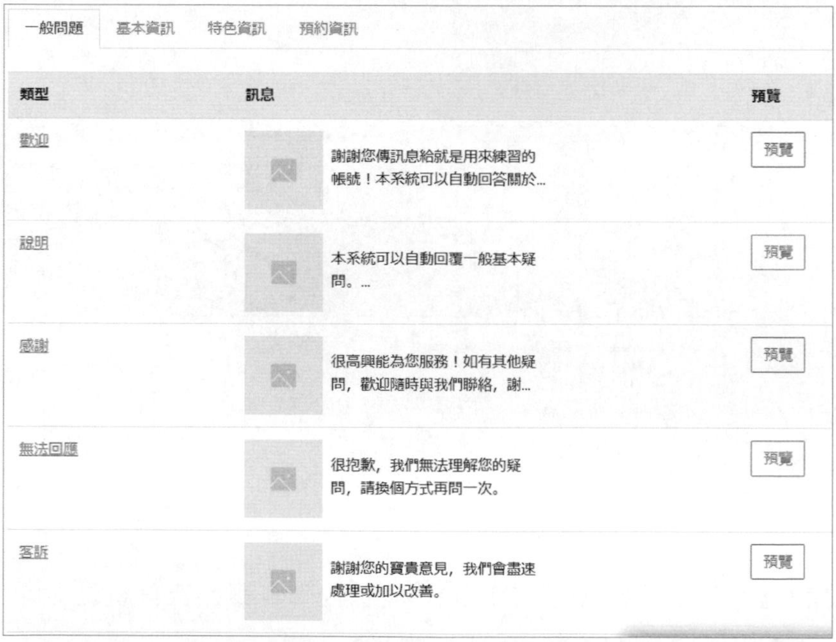

預覽

說明

進入說明的編輯頁面

可以編輯文字欄位，要注意長度限制為 500（紅色圈圈的地方）。儲存後可以在右上方的「預覽」查看版面。

無法回應

有沒有覺得「很抱歉，我們無法理解您的疑問…」這句話似曾相識！？是的，這個項目就類似於每次新建立一個 Dialogflow ES 的 Agent 時，系統會自動建立的「Default Fallback Intent」，還記得測試時，最常被觸發的就是這個 Intent，所以這個「無法回應」的訊息是有機會出現的，可以偷偷在這裡放一些新商品的購買連結（誤）。

「基本資訊」

隨便選一個

基本資訊內的每一項功能預設都是「關閉」的，當然也就無法使用「預覽」功能。狀態底下有說明當狀態設為關閉時，而使用者如果問到與該項基本資訊相關的問題，就會回覆「無法回應」的預設訊息。（「無法回應」再次登場 XD）

特色資訊

特色資訊就是當使用者問到商家的特色，設定方式跟基本資訊一樣，如果沒開啟設定，也是會回覆使用者「無法回應的預設訊息」（「無法回應」三度現身 XD）

預約資訊

練習增加一個「預約」功能，選擇「預約」開啟頁面

圖片中紅色圈圈裡面的 icon 就是「多頁訊息」，點選後會出現「選擇頁面類型」

尚無多頁訊息，請由「多頁訊息」>「建立」處開始建立。

這時候開啟「選擇頁面類型」，就會告知還未建立多頁訊息，請由左側清單的「訊息項目」開啟「多頁訊息」

選擇頁面設定右邊的「選擇」

選擇頁面類型

有 4 種類型可以選擇（底下綠色的「選擇」是儲存）

試以「商品服務」為例：

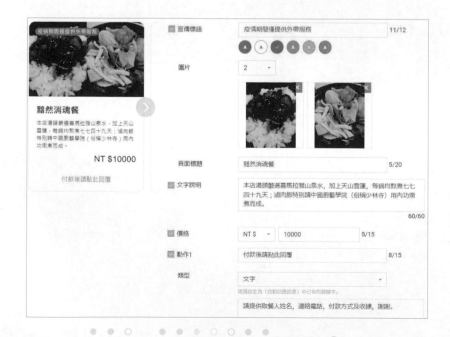

這次練習認真一點，再放個照片

放上照片，這訊息就變得有模有樣了 XD

不過這時候按下

會請您先完成「結尾頁」的設定

都弄好後，再次儲存。就會在多頁訊息的頁面看到剛才建立的「預約練習」
（預約練習是自訂名稱）。

現在還是在「多頁訊息」喔，請回來「預約資訊」，就會看到底下多了一個「預約練習」，接著將狀態更改成「開啟」

狀態「開啟」後，點選「預覽」

右邊會出現預覽視窗，如果覺得可以，記得要儲存再離開

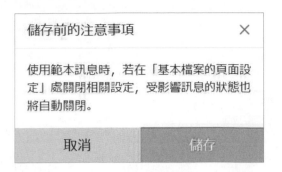

「儲存前的注意事項」的這段話是什麼意思呢？

當預約功能被開啟時，在 AI 自動回應訊息頁面的預約狀態就會顯示為「開啟」。如果不想使用這項功能時，在這裡關閉也可以（系統會自動關閉相關功能，就不用再進到預約頁面裡面去關）

很重要的「聊天」功能：

一開始選擇聊天時，因為回應模式設定為「聊天機器人」，所以無法使用。

由於「AI自動回應訊息」需變更為「聊天」模式才能使用，現在再次進到「聊天」頁面，就會看到如下圖的畫面

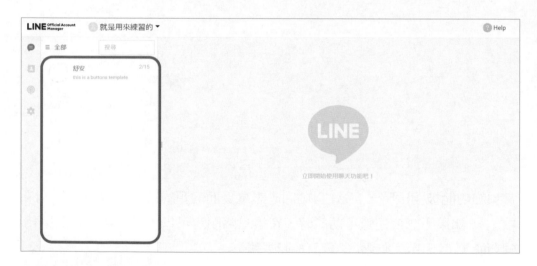

與機器人說過話的使用者都會出現在紅色框線內。正常情形第一次開啟時，這裡會是空白的，已經有一位使用者是因為我使用與 Dialogflow 同一個的 LINE Messenging API，也就是說，當時開啟 Webhook 後的對話測試紀錄在這裡也可以看得到。

▶ 溫馨小提醒

可能會有讀者想問：「跟 Dialogflow 用同一個機器人不會有問題嗎？怎麼會知道訊息是從 Dialogflow 還是 LINE OA 發出來的？」如果您也有這個疑問的話，請在心裡默念三次「聊天跟聊天機器人是無法同時使用的」。（因為很重要，所以要念三次！！）

接著就來跟機器人敘敘舊

第一回合對話練習：送個貼圖

第二回合對話練習：

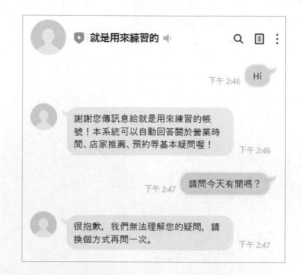

「Hi」被判定為「歡迎用語」；而「請問今天有開嗎？」就是一般資訊的「營業時間」，由於狀態還是「關閉」，就會出現「無法回應的預設訊息」。

第三回合對話練習：我要預約

「付款後請點此回覆」預設是選「文字」（效果如下圖）

這裡先暫停一下，應該有注意到這個「AI自動回應訊息」會自己從使用者發出的訊息判斷使用者在問什麼（要的是哪個資訊），也就是說，這個機器人是有 NLU 功能。

再回來 LINE OA，會看到「聊天」旁邊多了一個綠色的小圓圈

發生什麼事呢？進到聊天頁面瞭解一下

點選使用者，就會看到新的對話紀錄。

底下的訊息功能（灰色部分）在「AI 自動回應訊息」功能執行時，是無法手動回覆的，必須要先「切換為手動聊天功能」（右上的紅色圈圈）。

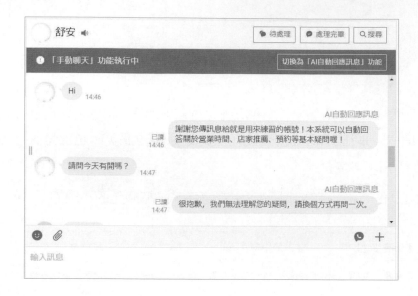

這時候就可以手動回覆使用者的問題，回覆完可以再點選右上的「切換為 AI 自動回應訊息功能」，就會回到原本的 AI 自動回應訊息。

手動聊天

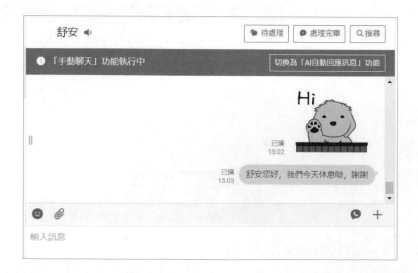

在聊天視窗手動回覆的訊息，也會同步由機器人回覆給使用者。

完全零時差，讚讚！！

在「切換為 AI 自動回應訊息功能」的上方有提供「待處理」、「處理完畢」、「搜尋」等等的訊息分類功能。

處理完畢：

使用者資訊會出現「處理完畢」（如圖中的紅色圈圈）。而原本的地方就會出現「訊息盒」

出現訊息盒表示這項對話紀錄被移出。（只要再點選「訊息盒」，就可以讓對話紀錄再回到訊息盒）

待處理：

當然有時會碰到棘手的問題，就像疫情期間的營業方式會配合政府防疫政策而做調整，甚至是臨時改變營業時間，等等諸如此類的問題有時無法馬上決定。這時候就可以特別標註「待處理」，提醒自己或是團隊。

點選待處理之後，對話紀錄還是留在「訊息盒」，沒有被移出，所以原本的選項就不會有所改變。

到這裡，一個 LINE AI Chatbot 就可以開始幫忙分擔行政客服的工作。可以考慮「申請認證帳號」，增加曝光的機會。

5-4 圖文選單的參考資料

補充說明：新舊版圖文選單

LINE 在 2021 年 6 月推出新版的圖文選單功能，目前僅能透過 Richmenu Switch API 的方式設定，筆者在當年度的鐵人賽有製作一集的教學影片：https://youtu.be/yWZJP45C9oI

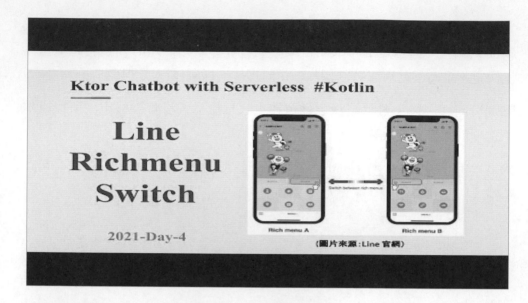

有興趣的讀者可以掃描以下的 QR Code 開啟：

舊版的圖文選單，目前的使用者還是很多，從舊版開始學也可以，LINE OA 有提供圖文選單（舊版）的服務，動動滑鼠就可以打造出一個圖文選單也相當的方便。

▶ 溫馨小提醒

LINE OA 有「圖文選單」跟「圖文訊息」的服務，注意不要跑錯地方，兩者是不一樣的呦～

06

Meta

6-1 Meta 自家的 Ai 平台：Wit.ai

Facebook（以下簡稱 FB）於 2021 年 10 月 28 日改名為 Meta，從此 FB 就成為了 Meta 公司的一項服務，不再是一家公司。

Facebook 的使用者眾多，處處是商機，「粉絲專頁」及「粉絲團」是企業及商家的利器之一，也因此，前面幾家雲端平台的 AI Chatbot 都能跟 Facebook Messenger 整合。

如果讀者已經有建立自家的 FB 粉專，也開啟訊息功能，也都上線運作中，翻閱本書的主要目的只是因為目前是真人回覆，希望能有一個可以代勞的 FB Messenger 機器人，也不想給自己增加太多的負擔，筆者建議直接學 Wit.ai 就可以。

這是 wit.ai 的官網，很明確地告訴使用者 wit.ai 使用「Natural Language」。

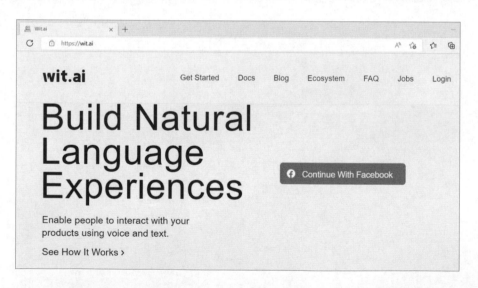

在看過幾家專門用在大型專案的 AI Chatbot 服務之後，現在的 Wit.ai 的等級應該就算是「小巫見大巫」。在《老子》這本書中有這麼一句話：「授人以魚不如授人以漁」。筆者這次就不採用實作的方式講解，打算藉著 Wit.Ai 來分享個人的學習方法。

準備工作第一步：檢查這項 AI 產品是否符合我們的需求？如何收費？

（請將頁面往下捲動，會看到下圖）

Bots

Easily create bots that
people can chat with on their
preferred messaging
platform.

好的，這就是為什麼要認識 wit.ai 的原因，因為它也有提供 AI 聊天機器人
的服務。確定「目標」之後，接著再來查詢費用資訊。先了解計費方式，
才不會在勞心勞力之後，才發現自己根本無法長期負擔雲端平台的費用，
以至於瞎忙一場。

Wit.ai 目前是免費的（也包括商用）。

What is your pricing?

Wit is free, including for commercial use. So both private and
public Wit apps are free and governed by our terms.

（資料來源：wit.ai 官網）

如果想要兩個以上不同平台（但功能相同）的機器人，開發前可以先評估能否開發一次就全部整合；倘若是很單純的只需要一個機器人，就不需要擔心這個問題。

準備工作第二步：登入 Console，試水溫。

「試水溫」其實就是訓練自己「找到重點」，尤其是在官網資料多如牛毛，往往在看完資料準備動手時，它就會跟你說：「我們要更新了喔（奸笑）」…從此沉入無邊無際的海量文件之中。

這一步就是要跟大家分享如何在茫茫「文字海」中，找出「切入點」。（優先閱讀重要文件，會讓後續的學習「事半功倍」）

遇到陌生的事物有點畏怯是很正常的，如果讀者看到 wit.ai 操作介面（如下圖）時整個傻掉，也不用太擔心。

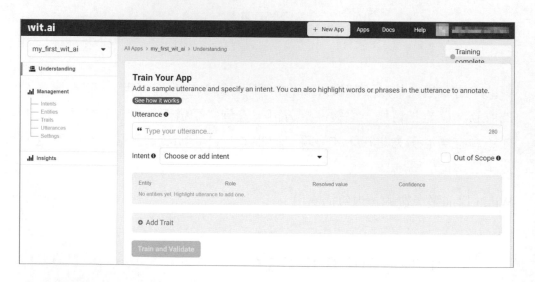

定睛一瞧，「左邊的功能清單」好像都似曾相識！

Insights：

幾乎每個 AI 產品都會附帶 Insights 的服務，在這裡又看到 Insights，大概就會猜到是用來分析資料的。

Management 的 Intents & Entity：

如果讀者曾經在 Azure 的 LUIS，看過「Intent」和「Entity」的話，在這裡看到這兩項 AI 的基本標配時，自信心應該就會油然而生。（這樣就算是找到「切入點」，等等就從 Intents & Entity 的資料開始學習吧～）

Settings：

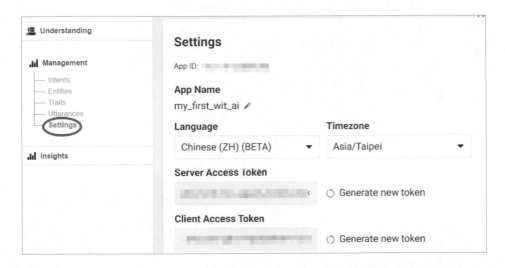

「Server Access Token」跟「Client Access Token」就在這裡。

如果看到 Access Token 之後，強迫症就發作，覺得就是要立刻跟 FB Messenger 整合，先衝再說！！嗯…也是可以啦，如果這樣能引起學習的熱情，也不失為一種好方法。

準備工作第三步：

機器人上線前的準備工作有哪些？需要送審查嗎？審查要多久？

舉個例子來說，FB 的訊息機器人通常是會跟著 FB 粉絲專頁（以下簡稱「粉專」）一起存在的，在 Dialogflow 講到 Integration 功能時，就有建立一個 FB 的訊息機器人。粉專可以現開現用，但機器人上線前得先讓 FB 官方審核，審核通過才能對外開放使用。因此，在規劃時，記得要預留「送審時間」。

完成上述的準備工作後，就可以開工了！

➥ Step1：到「Docs」找出「準備工作第二步」的「切入點」。

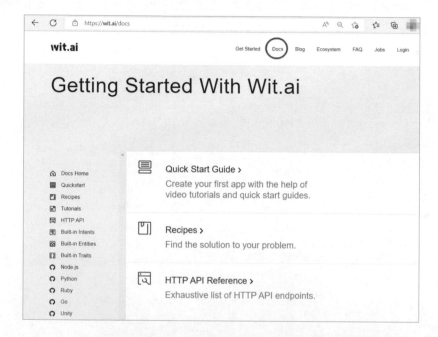

這麼多資料是要怎麼看？從第一項開始逐字閱讀嗎？當然不是，請先找到「切入點」，也就是「Intent」和「Entity」相關文件。

稍微瀏覽底下的項目，對系統預設的「關鍵字」有個概念就可以了。（不用記喔，因為不一定會用到）

➡ Step2：從 AI 的核心功能：「Intent」和「Entity」開始。

既然是主角，就要優先處理，分別進到「Intent」和「Entity」的頁面瞧瞧

Intents 空空如也，Entities 也是。

順便把 Traits 跟 Utterances 也看一下。

Traits

+ Trait

No Trait Yet
You can start by annotating an utterance with a trait in Understanding, or create a trait on this page.

Traits 跟 Utterances 也是什麼都沒有，正常現象。

Utterances

搜尋......

No Utterances Yet
You can start by annotating an utterance in Understanding

現在呢？讀者覺得下一步要從哪裡著手？直接按下藍色的「+ Intents」、「+ Entity」、「+ Trait」嗎？如果您真的按下去了，負責開發 Wit.ai 的工程師應該會很想哭 QQ

來～現在就來看看 wit.ai 到底 ai 在哪裡！！

請回到首頁的「Understanding」，並在 Train Your App 底下的「Utterance」欄位輸入「我想要一杯紅茶，半糖少冰，加珍珠」（如下圖所示）

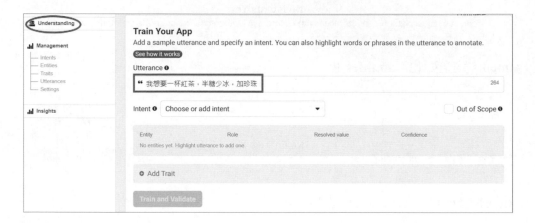

沒反應很正常，因為 wit.ai 現在是一張白紙，準備要來教 wit.ai 認識「專有名詞」。

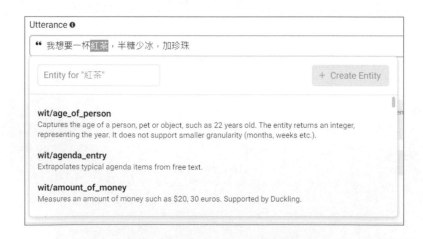

用滑鼠選取「紅茶」，底下出現的 Entity 選項就是「Built-in Entities」，裡面是不會有「飲料」這種東西的，所以要自己增加（自訂）。

取個「drink_type」，記得要按下旁邊的「＋Create Entity」

第一個 Entity 就有了～

再來就是 Intent。通常「Choose or add intent」裡面也不會有我們要的 Intent

就自己手動增加一個。

現在已經完成一個 Intent 跟一個 Entity。接著要讓 ai 知道這句話裡面有多少個「Entity」，下次遇到這些 Entities 要自己認出來。

還有一個「一杯」還沒處理，數量可以用「Built-in Entities」的 wit/number（如下圖），也可以自訂一個新的。

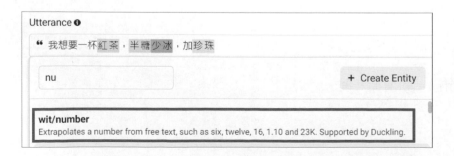

請按底下藍色的「Train and Validate」

完成後，畫面會被清空

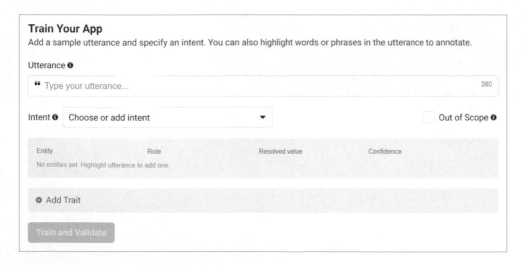

現在再回來查看「Intent」和「Entity」

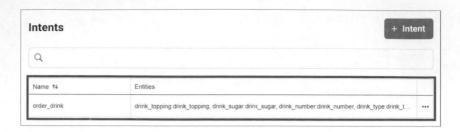

剛才在 Understanding 自訂的「Intent」和「Entity」都出現了，不錯不錯，孺子可教也！！

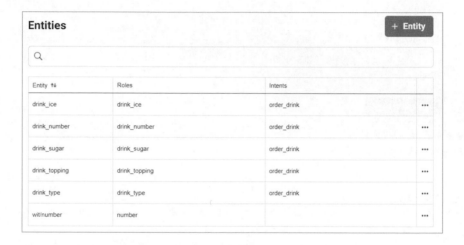

Utterances 也可以找到訓練的紀錄。

回到 Understanding，反覆訓練 ai 辨識 Intent 跟 Entities。

眼尖的讀者應該會注意到這裡的「Confidence」是「100%」，這是因為底下的 Entity「wit/number」跟「drink_type」是 wit.ai 自己認出來的，「100%」是 ai 判斷的可信度。

這一次 Ai 看不懂「多多綠茶」跟「無糖去冰」，就用手動的方式處理，處理完記得要按「Train and Validate」喔！！

→ Step3：繼續完成聊天機器人的其他必要工作。

「其他必要工作」視情況而定，除了「粉專的 Logo、圖片、基本資訊…等等」，就是要送審，審查通過才能上線使用。

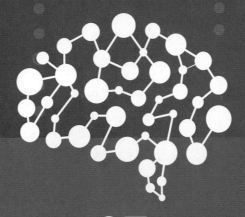

07

Instagram & ManyChat

7-1 Instagram 簡介

Instagram（以下簡稱 IG）是 Meta 公司的一款免費提供線上圖片及影片分享的社群應用軟體，於 2010 年 10 月發布。它可以讓使用者以智慧型手機拍下相片後將不同的濾鏡效果添加到相片上再分享至 IG 的伺服器，或 Facebook、Twitter、Tumblr 及 Flickr 等社群媒體。（資料來源：Wiki）

2022 年 5 月的 Meta Conversations 大會，更新了一項臉書訊息功能「Recurring Notifications on Messenger（定期通知）」，以前的規定是商家收到使用者訊息之後，若是未在 24 小時內回覆訊息給使用者，之後就無法傳送廣告訊息。這項規定其實會讓使用者慢慢地遺忘粉絲專頁的存在，無形中造成商家流失客群。

Meta 這次推出的新功能可以讓商家發送訂閱通知訊息給粉絲，讓粉絲自己選擇訂閱方式，這樣商家就可以跟粉絲保持互動。定期通知不僅適用於臉書的訊息機器人，Meta 表示未來也會開放給 Instagram 的商家使用。

嚴格上來說，訂閱通知訊息跟 AI 沾不上邊，只是一種商業行銷方式，不過還是屬於聊天機器人的範疇。也看出 Meta 愈來愈重視 IG 的訊息功能，目前 IG 的訊息服務也快迎頭趕上臉書的 Messenger，再加上 IG 使用者眾多，更加不能忽略 IG 訊息的重要性。

Meta 的部分合作夥伴也有針對 IG 的訊息服務，推出整合平台因應，例如：Chatisfy, Chattigo, ManyChat…等等，這次就選擇 ManyChat 平台練習如何設定 IG 的訊息。

7-2 建立 Instagram 帳號

要透過 ManyChat 設定 IG 訊息，除了需要有 ManyChat 和 IG 帳號外，還需要一個 FB（臉書，Facebook）帳號，缺一不可。這三個帳號都有的話請繼續，都沒有的話，請先完成建立 FB 帳號的準備工作（本書在 Dialogflow 整

合 FB 的部分，有建立 FB 帳號的教學，有需要可以參閱）。等等會依序講解如何建立 IG 和 ManyChat 的帳號。

筆者因為前兩年參加 iThelp 舉辦的鐵人賽，將 60 集的聊天機器人教學影片放在自己的 Youtube 頻道上。閒暇之餘所拍的「不專業的吃到飽」影片，也放在同一個 YT 頻道。這次就用我自己當成例子，假設我決定從「不專業走向專業」，並下定決心好好當個 Youtuber，專心經營粉絲專頁……. 事不宜遲，打鐵要趁熱，趕快先建立 IG 帳號

可使用 Facebook 帳號登入，或是註冊一個新帳號。

註冊新帳號需要填寫一些基本資料，需要注意的是第一項的「手機號碼或電子郵件」請確實填寫，系統會發送確認碼確認，以及第三項的「用戶名稱」是「IG 的顯示名稱」。

選擇是否要開啟通知

登入（或完成註冊流程）後的個人 IG 首頁

點選右邊的頭像 icon，選擇清單的第一項「個人檔案」

編輯個人檔案

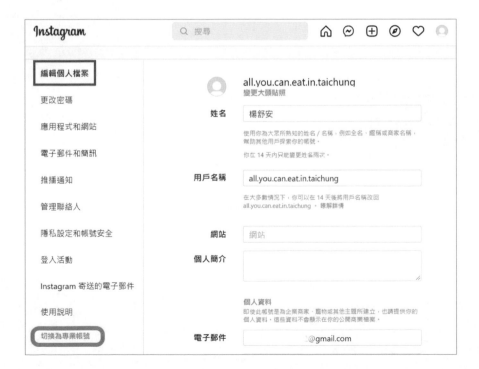

在編輯個人檔案的最下方有個「切換為專業帳號」。按下後，依照自己的情況選擇「創作者」或「商家」，例如：一般商用帳號可以選「商家」；部落客和 Youtuber 可以選擇「創作者」。

筆者是要搭配個人 Youtube 頻道，所以我選創作者

選擇類別（會顯示在 IG 的個人檔案）後，按下「完成」

選擇類別

選擇最能描述你創作內容的類別。你可以選擇要在商業檔案上顯示或隱藏此資訊。

☐ **在個人檔案上顯示類別**

🔍 搜尋

建議

個人部落格	◉
商品 / 服務	○
藝術	○
音樂家 / 樂團	○
購物與零售	○
健康 / 美容	○
雜貨店	○

返回　　　　　　　　　　　　　　　　　　　　　完成

完成這一步後，IG 創作者帳號就建立完成

你的 Instagram 創作者帳號已建立完成

現在你可透過更多工具在 Instagram 上與粉絲聯繫。

📱　前往行動應用程式，即可透過洞察報告瞭解 all.you.can.eat.in.taichung 的粉絲、顯示和編輯聯絡按鈕、利用推廣活動觸及顧客和使用更多功能。

💻　在桌上型電腦使用「商務套件」或「創作者工作坊」管理新的創作者帳號。

日後若是想改回個人帳號，就從原本的地方切換

三分鐘熱度退燒，我後悔了，吃到飽影片當成生活樂趣就好。我們還是用「夜市」當題目比較恰當（因為之前有建立名稱相同的 FB 粉絲專頁和 Telegram 機器人，也方便整合），先來更改「用戶名稱」（也在「編輯個人檔案」項目）。

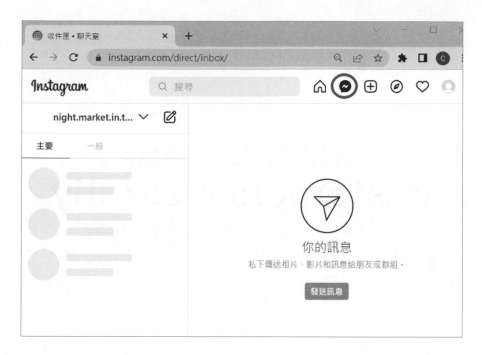

一切就緒,接著就是進到「訊息(紅色圈圈)」裡面設定「IG 訊息」,對吧!?錯錯錯!這裡的訊息只能用「真人」回覆,我們要的是「機器人」!!那 IG 機器人在哪裡?就是等等要講的 ManyChat。

7-3 建立 ManyChat 帳號,並整合 IG 和 FB Pages

請在網址列輸入 ManyChat.com,就會進到 ManyChat 的官網

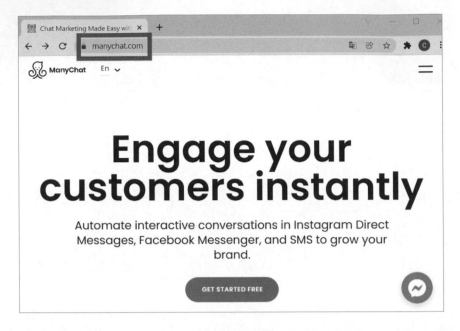

按下「GET STARTED FREE」（右下方有個 FB 的訊息機器人，可以試試）

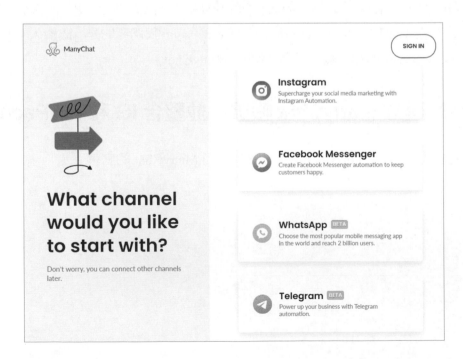

目前的 ManyChat 可以整合這 4 種平台（本書在前面的章節有建立過 Facebook Messenger 和 Telegram 的機器人，就可以拿來 ManyChat 練習）。先選 Instagram

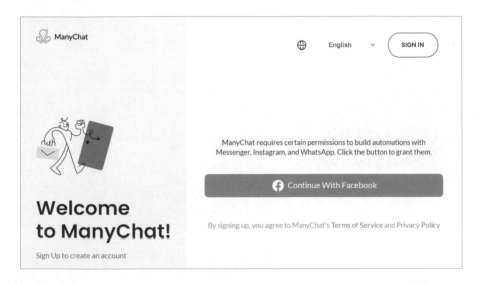

已經有 ManyChat 帳號請登入「Sign in」或是選擇「Continue With Facebook（與臉書帳號連結）」

需要回答一些問題，按「Next」繼續

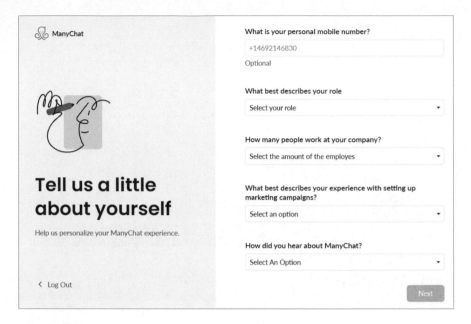

輸入 IG 帳號，Next

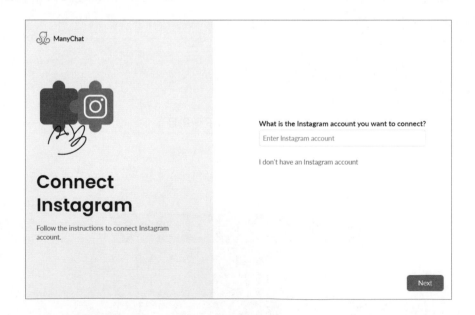

連結 IG 與 FB 粉專（按下「Go To Facebook」），如果還沒有 FB 粉專，選擇「Create new Page」建立一個（建立成功再次回到這裡時，請先按下的「Refresh」更新頁面）

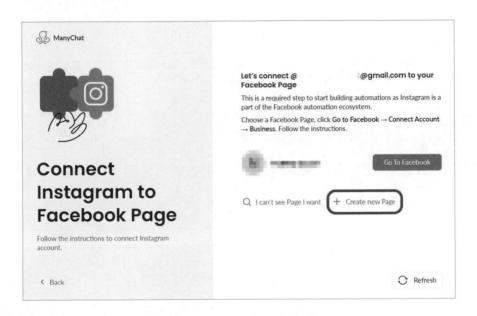

連結帳號

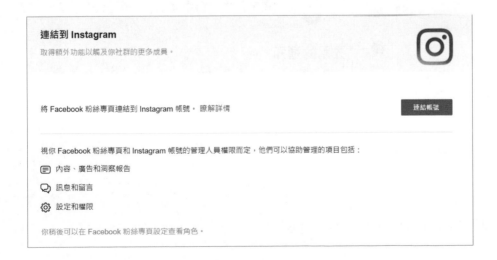

選擇 IG 訊息設定（開啟後，就可以用 FB 信箱收取 IG 的訊息），「繼續」

稍微說明這項設定，就是當 IG 時收到使用者的訊息時，FB 會就會發出通知

連結成功（之後改變心意，也可以「取消連結」）

回到 ManyChat, 按下「It's Ready!」

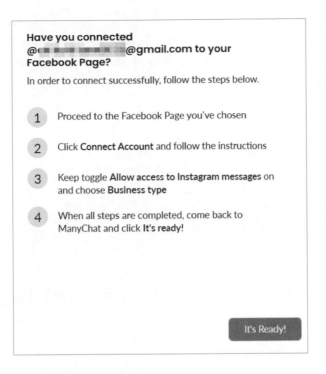

Connect（這一步是連結 ManyChat, IG 和 FB 粉專這三個帳號）

接著就是 Manychat 的帳號認證，請輸入有效的 Email，並按下 Save 後，到信箱收認證信，將信件給的「驗證碼」填入空格。

通過認證後,「ManyChat + IG + FB 粉專」這三個帳號就連結成功,按下 Next 繼續下一步

這一步是決定要選擇 Pro 或是 Free 帳號。可以先略過 (Skip For Now),試用後,如果覺得 Manychat 好用,再升級成 Pro 付費版也不遲。

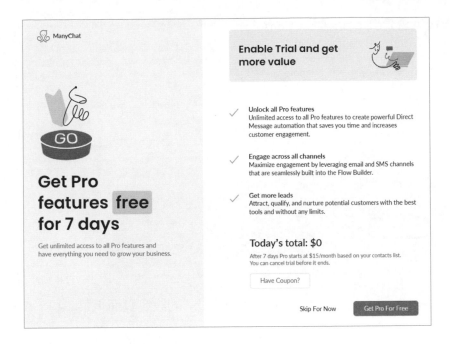

ManyChat 會詢問一些問題，必須回答前兩項才能繼續。

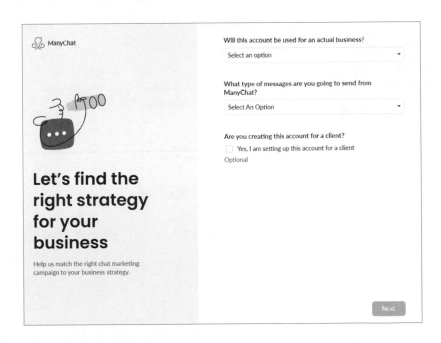

完成後就會進到 ManyChat Console

選擇左邊的「Settings」，會顯示「General」的設定頁面。第二項「Account Time Zone」可以選擇適合的時區（例如：Taipei Standard）。

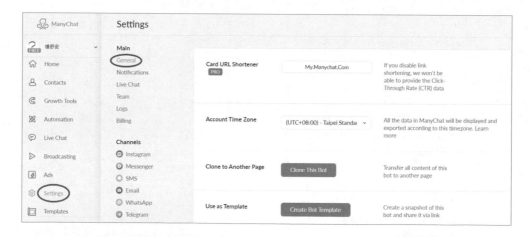

Setting 裡面的 Channels 就是 ManyChat 可以整合的產品。請選擇「Instagram」

在 Instagram 頁面會看到剛才建立的帳號，底下的這 8 個設定都可以在 ManyChat 操作，最後一項「Remove」只是取消 IG 帳號的連結，並不會刪除 IG 帳號。現在就從第一項的「Default Reply」開始練習吧～

按下 Default Reply 的「Create New Reply」

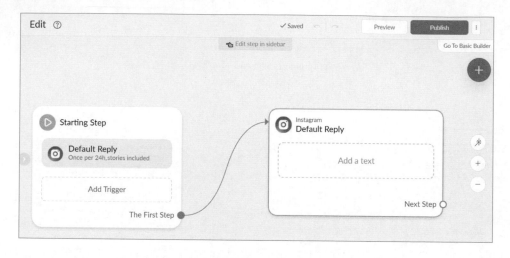

Starting Step 就是使用者開啟對話視窗後要進行的任務，可以看到 ManyChat 已經預設一個 Default Reply，也可以按下「Add Trigger」增加其他的任務。點選右邊 Default Reply 裡面的「Add a text」，會跳出一個 Default Reply 的面板

功能眾多（PRO 就是付費功能），不過我們需要的只是一句問候語 XD

「哈囉！歡迎來到這裡～」，打完字，請按右上方的藍色按紐「Publish」（發佈）。

發佈後，就要來測試啦～請換個帳號（偽裝成一般的使用者）開啟 IG，選擇「發訊息」

IG 收到訊息後，就會從 ManyChat 送出「Default Reply」。（哈哈，天下沒有白吃的午餐，免費版就會多了一個文字訊息 XD）

回到 ManyChat Console，會看到「Live Chat」旁邊出現數字（一則訊息通知）。進到 Live Chat 頁面瞭解一下，會看到剛才的對話內容。Live Chat 就是「真人」回覆，「Reply here」就是輸入訊息的地方。除了 ManyChat 可以看到訊息，還有一個地方也可以

就是 FB 的收件匣（因為設定過程中有開啟 FB 的收件匣收 IG 訊息）。在「所有訊息」和「Instagram Direct」都可以看到對話，也可以回覆。

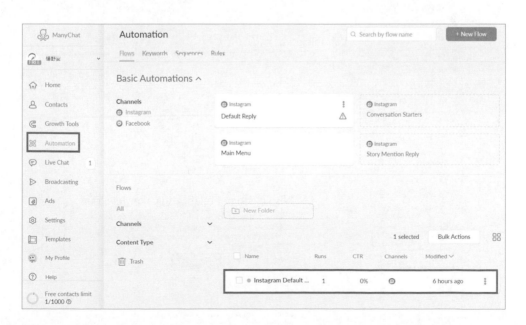

繼續了解其他項目⋯「Automation」，就是自動回覆訊息的意思，也就是機器人。這裡可以看到全部的自動訊息種類，剛才設定的 Default Reply 也會出現在這裡。Channels 只有出現 IG 和 FB，並不是 ManyChat 只有提供 IG 和 FB 的 Automation 功能，而是我們只有整合 IG 和 FB（只有授權 ManyChat 存取這兩者）。

FB Messenger（訊息機器人）的設定和 IG 相去不遠，會操作 IG 的 Automation 話，FB 的訊息機器人相關設定也是易如反掌！對於 FB Messenger 的部分就不再多做說明。之前建立的 Telegram 機器人，也可以拿來 ManyChat 練習～

7-4 整合 Telegram

ManyChat 整合 Telegram（以下簡稱 TG），進到 Channels 的 Telegram，按下「Connect」

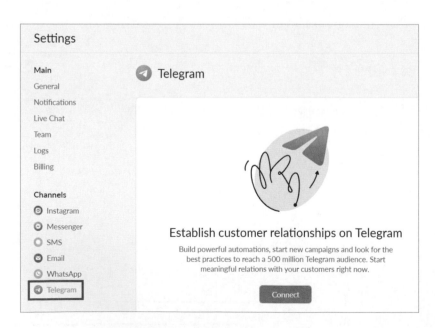

在 Dialogflow 整合 TG 時，建立過一個「夜市人生 @ 台中」的 TG 機器人，選擇「Connect Existing Bot」與這個機器人連動。

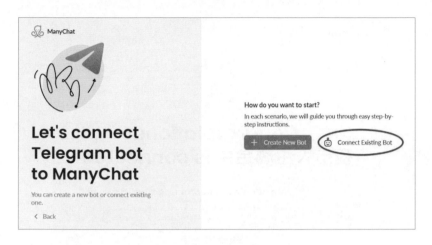

將 TG 機器人的 Token 貼到紅色框線內，按下「Connect」（記得到 Dialogflow 取消整合）。

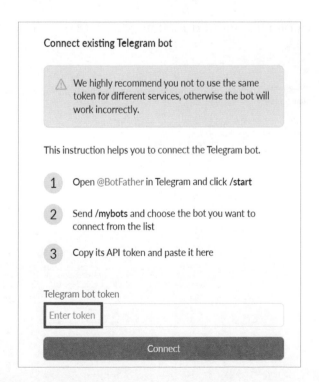

整合成功。按下「Subscribe」（訂閱）會開啟 ManyChat 的 TG 帳號；或是選擇 Skip，稍後再自行開啟 TG 機器人。

會在 Telegram 的 Bot information 看到「夜市人生 @ 台中」

Default Reply 設定的方式跟 IG 差不多。這次換個不同的設定，選擇「Welcome Message」來練習

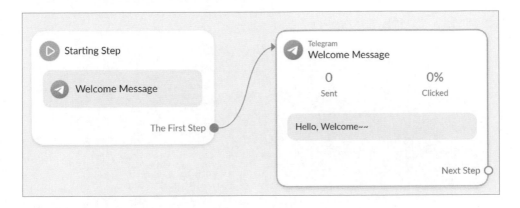

這次用英文好了 XD

輸入「Hello, Welcome~~」後，按下「Deploy」，並開啟 TG 機器人，先刪除全部的對話後（右上的設定裡面有個「Delete Chat」），按下「START」

「Welcome Message」是最初開啟對話時的回覆，之後的訊息都是「Default Reply」要處理的。

附帶一提，TG 也是可以透過 Live Chat 回覆訊息的（開啟 Live Chat，就會看到這一組對話訊息）。

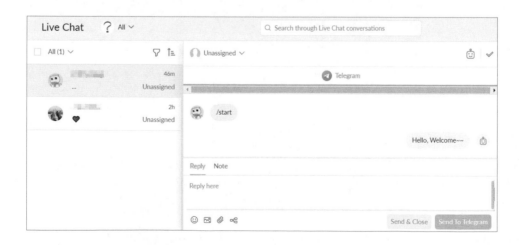

ManyChat 除了可以整合 IG 訊息，臉書訊息，以及 telegram 訊息，在 Dialogflow 的 ES 版本曾經練習用 Google 雲端的試算表（Google Spreadsheet）來當資料庫，這裡也是可以的呦～

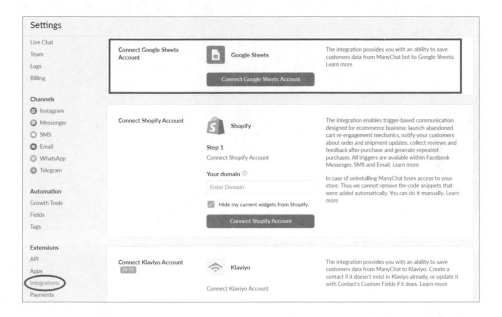

完成整合後，會在 Google Sheets 下方看到連動的 Google 帳號

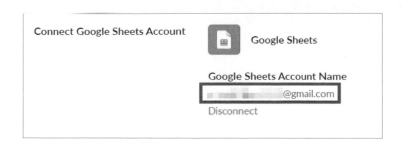

ManyChat 的 Google Sheets 服務是「Pro 會員」才能使用。哈哈，因為 ManyChat 也沒給我業配的廣告費用，對於付費服務就不幫他們做「工商服務」囉～

最後，筆者分享自己微不足道的使用心得，個人覺得 ManyChat 跟 Line 的
OA（Official Account）蠻像的，介面都很容易上手。在 ManyChat 的 Live
Chat 可以看到整合後的所有訊息是相當方便的（也易於掌控狀況），而類
似 ManyChat 這樣的整合平台會愈來愈多，建議成為付費會員前可以貨比三
家（避免日後搬家的困擾）。

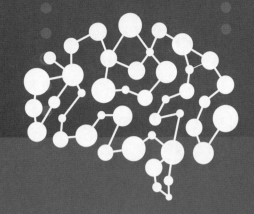

08

專案

8-1 Web Demo

想學習專業領域的 AI 工程需要具備一定的專業能力，或許不是那麼平易近人；反觀 AI Chatbot 就不是一件遙不可及的科技，只要願意付出時間學習，人人都可以變成專家。

本書進行到這裡已經接近尾聲，該是時候驗收成果，最後這一篇會將先前整合的 Channels 都放到外部網頁的頁面上，讓 AI Chatbot 開始上線。

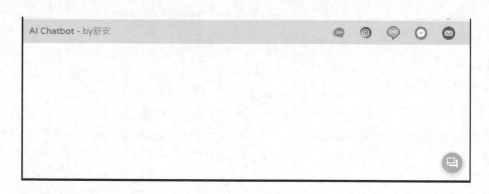

沖杯咖啡，準備開工囉！！

準備工作：

1. 請先準備要使用 Channels 的 icon（請讀者下載網路圖片時務必注意版權問題）。

2. 每個 Channel 的外部連結，例如：這裡的導覽列 icon，我是用 Html 語法

```
<a href=" 開啟官方帳號的連結 "><img src=" 圖片的連結 "></a>
```

完成準備工作後，依照以下步驟的順序，將網頁發佈到外部網站。

➡ 步驟 1：新增一個資料夾，並在裡面建立 index.html

回想一下在 Slack 的時候，有增加一個 Live Chat 的 App 當成「即時通訊」，
當時為了要測試，臨時建立一個 html 檔案來用

用編輯軟體（例如：Sublime）打開這個文件

```
1   <!DOCTYPE html>
2   <html>
3       <body>
4
5           <script src="https://www.socialintents.com/api/socialintents.1.3.js#
                    " async="async"></script>
6
7       </body>
8   </html>
```

用 Dialogflow Messenger 的 URL 取代原本在 <body> 裡面的 Live Chat URL

```
1   <!DOCTYPE html>
2   <html>
3       <body>
4
5           <script src="https://www.gstatic.com/dialogflow-console/fast/messenger-cx/bootstrap.js?v=1"></script>
6           <df-messenger
7               df-cx="true"
8               location="asia-northeast1"
9               chat-title=""
10              agent-id=""
11              language-code="en"
12          ></df-messenger>
13
14      </body>
15  </html>
```

存檔後，點開這個 html 檔案，就會在剛才的頁面看到右下角的 icon 就會變成 Dialogflow Messenger

➡ 步驟 2：完成這個網頁的導覽列

能夠自己寫導覽列當然是最好，如果沒想法，或是功力還沒練到那裏，就用現成的吧～筆者在此分享幾個工具，首先當然是「Bootstrap 官網」

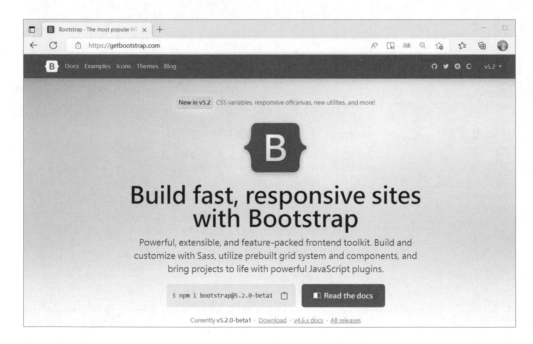

Bootstrap 官網提供的參考資料相當豐富（這次練習的導覽列就是參考 Bootstrap 首頁的導覽列排版）。針對導覽列，筆者分享一個我覺得不錯的線上工具

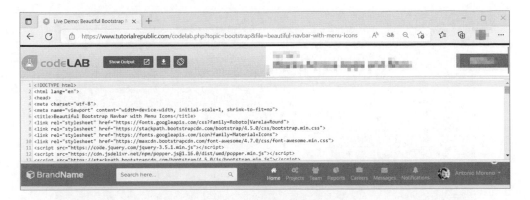

Html 裡面的程式碼是可以編輯的，編輯時就能立即在紫色的部分看到成果。
（有興趣可以試試，覺得不錯請給個讚支持原作者喔！）

完成自己的導覽列後，就繼續下一步。

8-2 AWS Amplify

➡ 步驟 3：建立外部網站

1. 選擇 1：現有的網站

   將步驟 2 的「導覽列」跟「Dialogflow Messenger」的語法加入，就大
   功告成。

2. 選擇 2：AWS Amplify

   這裡的外部網站，其實就是要有一個可以從外部連線的「網址」，取得
   方法有很多種，本書的重點既然是各家雲端的 AI Chatbot，這個「網址」
   當然就要搭配「雲端託管」的功能，這樣才是從一而終 XD

「雲端託管」，舉個例子：「AWS Amplify」

AWS Amplify is a … 「front-end web」…。就是我們要的 Web 功能，還可以直接發佈自己的 Github repo，相當的人性化。開啟 AWS Amplify Console，按下「GET STARTED」

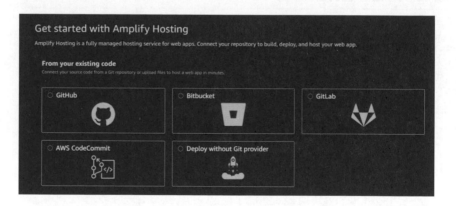

專案已經放到 Github 上的話，就很適合使用 Amplify（或是放在 Amplify 指定的這幾個選項）。如果沒有專案，可以先暫用官方提供的 Sample：「create-react-app-auth-amplify」。

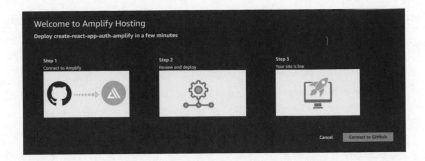

按照步驟操作,最後就會得到一個 URL

開啟 URL

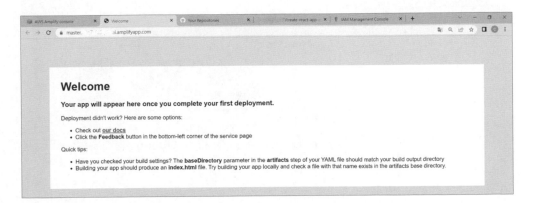

開啟 create-react-app-auth-amplify，並將「導覽列」跟「Dialogflow Messenger」的語法加入 index.html

完成 Amplify Hosting 後，可以直接使用「Amplify Studio」管理專案，也是不錯。

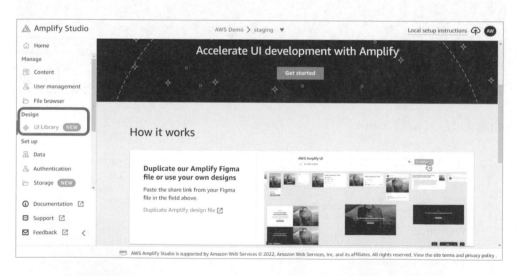

Amplify 的部分就先介紹到這裡囉，接著就來看看 Google 的雲端託管服務「Firebase Hosting」。

8-3 Firebase hosting

➥ 步驟 3：建立外部網站

3. 選擇 3：Firebase Hosting

說到 Firebase，通常會直接想到它的資料庫服務（因為 Firebase 的第一個產品是 Real-time 資料庫）。Firebase 發展至今已經有 10 年的歷史，詳細的過程在 Wiki 百科都有著墨，這邊就不再引述。現在就直接進到 Firebase Console 了解 Firebase 的現況囉。開啟 Firebase 網站

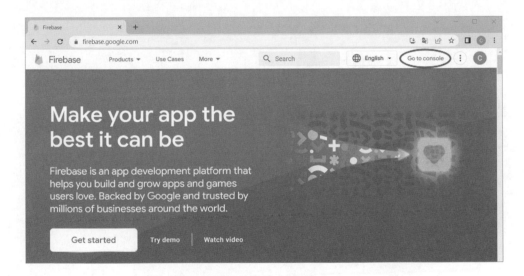

點選「Go to console」進入 Firebase Console

按下「建立專案」開始使用 Firebase

請依照建立專案的指示，依序完成所有步驟。

➡ 步驟 1：選擇專案

Firebase 的費用會一併計入選擇的 GCP 專案（詳細的收費細節請參閱「查看完整方案詳情」）。

➥ 步驟 2：

將 Firebase 新增至 Google Cloud 專案時的注意事項。（有問題請「返回重新建立專案」，沒問題就繼續。）

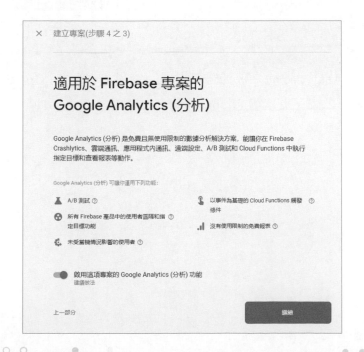

➥ 步驟 3：

啟用 Firebase 專案的 Google Analytics 功能。（目前這項服務是免費的，也可以選擇「不啟用」）

➥ 步驟 4：

設定 Google Analytics 的「數據分析位置」，並「接受」Google Analytics 條款。完成後，按下「新增 Firebase」。

按下「繼續」，頁面就會跳轉到新建立的 Firebase 專案

好的，這就是傳說中的 Firebase ！時至今日，Realtime database 僅僅是
Firebase 的一項功能，左邊可以看到 Firebase 提供的全部服務。

「服務這麼多！？全部學完我應該就退休了吧 @@"」

別擔心！我們需要的，也就只是一個「外部網站」，讓使用者可以開啟虛
擬客服跟官方帳號，也就是「Firebase Hosting」。

點選 Firebase Console 左邊的「建構」，裡面有一項「Hosting」。Hosting 的首頁會看到用途說明（用來部署網頁應用程式），請按下「開始使用」。

開始設定 Firebase Hosting 服務，第一步：安裝 Firebase CLI。

注意事項：

1. 必須透過 Firebase CLI 才能使用 Firebase Hosting，請先安裝 Node & Npm。

    （由於 Firebase 使用的是 Google 帳號，為了操作方便，請一起安裝 gcloud CLI）

2. 在 Windows 環境下「npm install –g」指令安裝「全域變數」時，有可能會因為權限問題或是遺失路徑 (Path) 而失敗，請前往 npm 權限頁面查詢相關資訊 (更改或新增 Path)。

    舒安表示：直接換一台 Mac 也是一種解決方法 XD

安裝完畢，請按「下一步」：

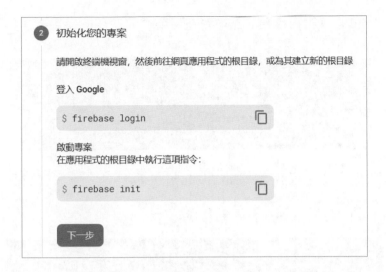

第二步：初始化您的專案。

在本地端（自己的電腦）建立一個資料夾（參考圖片的 Hosting 資料夾）

開啟「終端機」(以下簡稱 CMD)，並將「根目錄」設定在 Hosting 資料夾下。

（命令提示字元就是終端機）

8-15

「開啟」Cmd 後，根目錄預設路徑會在目前登錄使用的使用者（如下圖）

將網頁應用程式的根目錄設定在 Hosting 資料夾下，並執行「firebase login」

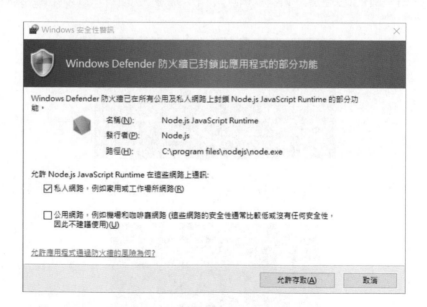

如果有跳出防火牆，請允許存取

選擇 Google 帳號登入使用 Firebase CLI

想知道按下「允許」後，Firebase CLI 會獲得哪些權限，可以參閱連結的資料呦

按下「允許」後就成功登入 Firebase CLI（會出現 Firebase CLI Login
Successful 的通知）

> **Woohoo!**
>
> # Firebase CLI Login Successful
>
> You are logged in to the Firebase Command-Line
> interface. You can immediately close this window and
> continue using the CLI.

第一次使用 firebase login 指令登入時，會跳出確認 Google 帳號的頁面，第二次之後這個確認步驟會被省略。

```
E:\AI\Google\Hosting>firebase login
i  Firebase optionally collects CLI usage and error reporting information to help improve our product
s. Data is collected in accordance with Google's privacy policy (https://policies.google.com/privacy)
 and is not used to identify you.

   Allow Firebase to collect CLI usage and error reporting information? Yes
i  To change your data collection preference at any time, run `firebase logout` and log in again.

Visit this URL on this device to log in:
https://accounts.google.com/o/oauth2/auth?client_i

A9005

Waiting for authentication...

+  Success! Logged in as            @gmail.com
```

成功登入 firebase 後，請回到終端機繼續完成「初始化 (firebase init)」的設定。

```
E:\AI\Google\Hosting>firebase init hosting

######## #### ######## ######## #######      ###    ###### ########
##       ##  ##    ##   ##    ## ##    ##      ##   ##    ## ##
######   ##  ######   ######   ######   ######### #### ##       ##    ## #####  #####
##       ##  ##    ##   ##    ## ##    ## ##       ##    ## ##
##       #### ##    ## ######## ##     ##      ##    ######  ########

You're about to initialize a Firebase project in this directory:

  E:\AI\Google\Hosting

  Are you ready to proceed? (Y/n)
```

雖然 Firebase 是給「firebase init」指令，不過筆者建議用「firebase init hosting」，為什麼呢？瞄一下底下這張圖片就會知道原因。

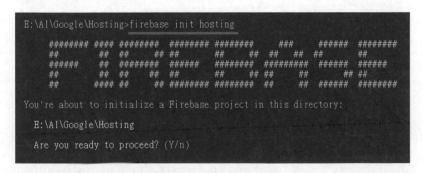

這張圖片就是「firebase init」會發生的事情，會看到 Firebase 的全部選項
（Realtime, Firestore, Functions, Hosting, Storage）都跑出來湊熱鬧 XD

回來「firebase init hosting」，請按下 Enter 後，繼續專案的 Setup

```
? Are you ready to proceed? Yes

=== Project Setup

First, let's associate this project directory with a Firebase project.
You can create multiple project aliases by running firebase use --add,
but for now we'll just set up a default project.

? Please select an option: (Use arrow keys)
> Use an existing project
  Create a new project
  Add Firebase to an existing Google Cloud Platform project
  Don't set up a default project
```

選擇專案：Use an existing project（使用已經建立的專案）

```
? Please select an option: Use an existing project
? Select a default Firebase project for this directory: (Use arrow keys)
> inspiring-code-        (My First Project)
```

從已經建立的專案中，挑選這次要使用的。接著完成其他的設定（可以自
己 DIY，也可以參考圖片的設定）。

```
=== Hosting Setup

Your public directory is the folder (relative to your project directory) that
will contain Hosting assets to be uploaded with firebase deploy. If you
have a build process for your assets, use your build's output directory.

? What do you want to use as your public directory? (public)
```

```
? What do you want to use as your public directory? public
? Configure as a single-page app (rewrite all urls to /index.html)? No
? Set up automatic builds and deploys with GitHub? No
+ Wrote public/404.html
+ Wrote public/index.html

i  Writing configuration info to firebase.json...
i  Writing project information to .firebaserc...
i  Writing gitignore file to .gitignore...

+ Firebase initialization complete!
```

最後會出現「Firebase initialization complete」，就是已經完成 Firebase 專案初始化設定。現在請開啟 Hosting 資料夾

會看到 Hosting 資料夾裡面多了一些東西。繼續開啟 public 資料夾

裡面的 index.html 和 404.html 這兩個檔案就是剛才「初始化」時建立的

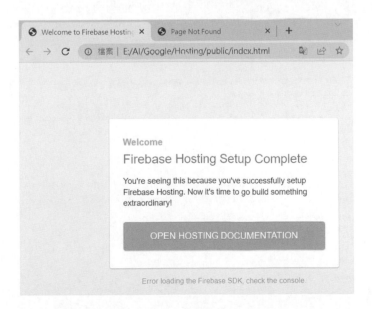

上圖是 index.html；下圖是 404.html

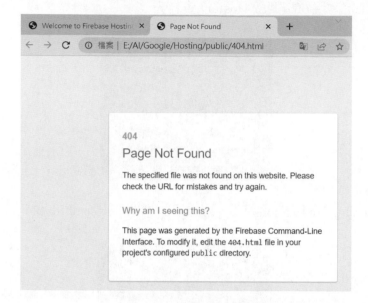

網址列的開頭是「檔案」，表示這個 index.html 只是一個檔案，並不是一個可以公開瀏覽的網頁，因此，接下來的工作就是要「發佈（Deploy）」這個檔案，讓它變成一個「網頁」。在發佈之前，還有一個工作要做，就是先將 Dialogflow Messenger 的連結放上去（發佈網頁後要用來測試的）。

複製 Dialogflow Messenger 的連結，貼到 index.html 檔案的 <body> 裡面，
記得存檔。

```
40     </head>
41     <body>
42     <script src="https://www.gstatic.com/dialogflow-console/fast/messenger-cx/
       bootstrap.js?v=1"></script>
43       <df-messenger
44         df-cx="true"
45         location="asia-northeast1"
46         chat-title="Small talk"
47         agent-id="██████████████████████"
48         language-code="en"
49       ></df-messenger>
50
51     <div id="message">
```

重新整理 index.html 檔案

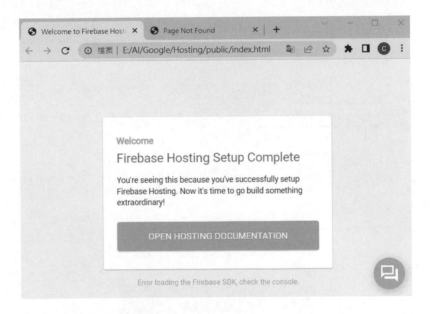

右下就會出現 Dialogflow Messenger 的「icon」。這時候就可以「發佈」

```
E:\AI\Google\Hosting>firebase deploy --only hosting
```

Firebase 說只要輸入「firebase deploy」就可以發佈，不過筆者強烈建議加
上「--only hosting」，恩…理由同「firebase init」XD

下完指令，請等它跑完⋯

```
E:\AI\Google\Hosting>firebase deploy --only hosting

=== Deploying to 'inspiring-code-   '...

i  deploying hosting
i  hosting[inspiring-code-      ]: beginning deploy...
i  hosting[inspiring-code-      ]: found 2 files in public
+  hosting[inspiring-code-      ]: file upload complete
i  hosting[inspiring-code-      ]: finalizing version...
+  hosting[inspiring-code-      ]: version finalized
i  hosting[inspiring-code-      ]: releasing new version...
+  hosting[inspiring-code-      ]: release complete

+  Deploy complete!

Project Console: https://console.firebase.google.com/project/inspiring-code-   /overview
Hosting URL: https://inspiring-code-      .web.app
```

等到「Deploy complete!」出現，底下會出現一個「Hosting URL」，請開啟
這個連結。可以用 firebase CLI（firebase open hosting:site），或是複製後貼
到網址列。

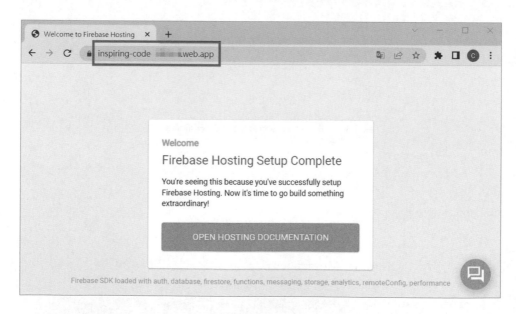

這畫面就跟 index.html 長得一模模一樣樣。

發佈（Deploy）後得到的 URL 就是一個由 Firebase 提供的外部網站，也就是說，只要取得網址，任何人都可以使用網頁右下方的 Dialogflow Messenger。

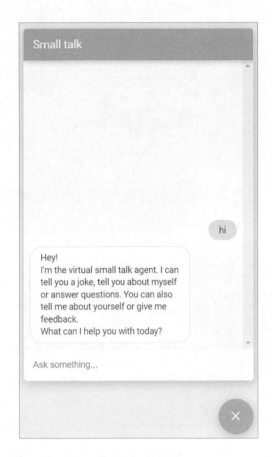

最後要處理的，就是把「自訂導覽列」也加到 Firebase Hosting 的網頁裡面。

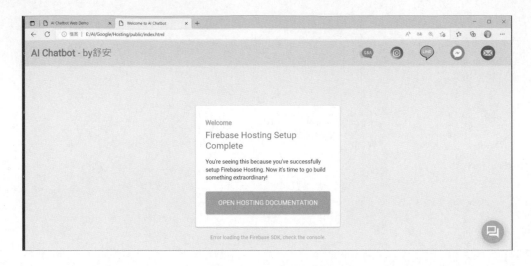

加入後，點一點，看看 icon 有沒有反應，連結是否對應到正確的位置。確認過再發佈一次。

溫馨小提醒

建議讀者連同網頁內容一起完成後，再發佈到 firebase hosting，使用者體驗會比較好。

8-4 安裝 VScode

透過 Firebase Hosting 建立的網頁就不是像之前 Dialogflow 的 inline editor 這麼簡單，只有 index.js 和 package.json 兩個檔案而已。Firebase Hosting 給的是一個完整的專案，用 Sublime 管理就有點吃力，筆者分享一個自己在維護 node.js 專案時常用的 IDE: Visual Studio Code.（以下簡稱 VS code）

可以從 VS Code 官網下載 IDE 安裝，先選擇自己的作業環境再下載

Getting Started

Visual Studio Code is a lightweight but powerful source code editor which runs on your desktop and is available for Windows, macOS and Linux. It comes with built-in support for JavaScript, TypeScript and Node.js and has a rich ecosystem of extensions for other languages (such as C++, C#, Java, Python, PHP, Go) and runtimes (such as .NET and Unity). Begin your journey with VS Code with these introductory videos.

官網關於 VS Code 的簡介，有支援 JavaScript, TypeScript, Node.js…等等等。

下載後，開啟資料夾，並執行 VS Code 的 .exe 檔案（就會進入自動安裝步驟）

選擇「我同意」，下一步

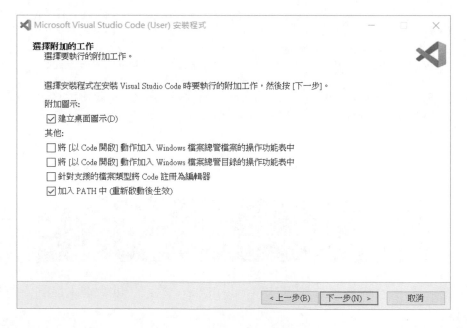

選擇自己需要的附加工作（不知道怎麼選，就保留預設值），按「下一步」

準備安裝時發現有設定錯誤的話，可以按「上一步」回去修改。沒問題的話，就選「安裝」

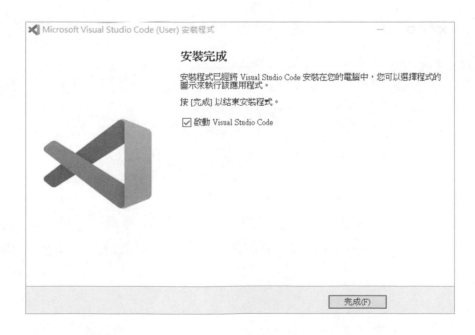

勾選「啟動 VSCode」，並按下「完成」

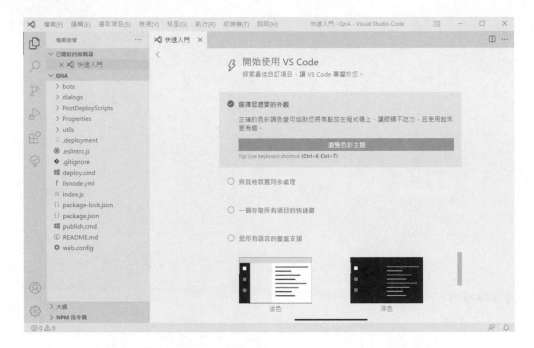

如果讀者的 VS Code 畫面跟我的不一樣，請不用擔心，只要功能正常就行。

第一次安裝完畢後執行，會有訊息提醒可以安裝繁體中文的 language pack，有需要就按下「安裝並重新啟動」。開啟專案請選擇「檔案」裡面的「開啟資料夾」

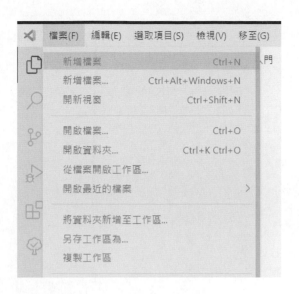

使用 VS Code 的開發者頗多，如果有遇到問題，Google 搜尋就會出現不少的參考資料。AI 的學習之路是沒有盡頭的，本書的內容充其量僅能算是「滄海一粟」。筆者學識不深，戰戰兢兢的完成這本書，期盼能讓讀者感受到AI Chatbot 的風采，祝福各位讀者在學習的道路上都能一帆風順。

本書出版後，若是有更新（或是最新資訊），筆者會不定期的發佈在自己（同名）的 YT 頻道上，謝謝大家！！